雷达与通信系统间的频谱共享
——基于MATLAB的方法

Spectrum Sharing Between Radars and Communication Systems
——A MATLAB Based Approach

阿瓦伊斯·哈瓦尔(Awais Khawar)
[美]艾哈迈德·阿卜杜勒哈迪(Ahmed Abdelhadi) 著
T. 查尔斯·克兰西(T. Charles Clancy)
李 程 潘小义 顾赵宇 刘晓斌 吴其华 译

国防工业出版社
·北京·

著作权合同登记　图字:01-2022-5986号

图书在版编目(CIP)数据

雷达与通信系统间的频谱共享:基于MATLAB的方法/
(美)阿瓦伊斯·哈瓦尔,(美)艾哈迈德·阿普杜勒哈迪,
(美)T.查尔斯·克兰西著;李程,潘小义,顾赵宇,
刘晓斌,吴其华译.--北京:国防工业出版社,2024.1
书名原文:Spectrum Sharing Between Radars and
Communication Systems:A MATLAB Based Approach
ISBN 978-7-118-13115-4

Ⅰ.①雷…　Ⅱ.①阿…②艾…③T…④李…　Ⅲ.①
Matlab软件—应用—雷达—通信系统　Ⅳ.①TN95-39

中国国家版本馆CIP数据核字(2024)第024323号

※

国防工業出版社出版发行
(北京市海淀区紫竹院南路23号　邮政编码100048)
雅迪云印(天津)科技有限公司印刷
新华书店经售

*

开本 710×1000　1/16　印张 7¼　字数 116千字
2024年1月第1版第1次印刷　印数 1—1500册　定价 88.00元

(本书如有印装错误,我社负责调换)

国防书店:(010)88540777　　书店传真:(010)88540776
发行业务:(010)88540717　　发行传真:(010)88540762

译者序

随着无线通信技术的发展,全球通信产业对于无线频谱的需求日益增加,无线电频谱已经成为稀缺而重要的资源。但是,有的频谱资源却未得到充分的使用,如部分预留给军用雷达的频段。为此,频谱监管机构考虑允许将这部分频谱资源开放给蜂窝运营商使用。在此背景下,雷达与通信的频谱共享引起了工业界和学术界的极大关注。

《雷达与通信系统间的频谱共享——基于MATLAB的方法》一书从雷达通信系统频谱共享这一重要应用领域出发,对多种类型的多输入多输出(MIMO)雷达系统与通信系统的频谱共享问题进行了研究;给出了系统模型,设计了基于投影的频谱共享算法,分析了雷达系统的性能,研究了雷达目标的参数估计、检测和跟踪等问题;针对共址MIMO雷达和复合蜂窝系统的频谱共享问题,设计了协作/认知和干扰抑制两种工作模式的雷达预编码器;针对交叠MIMO雷达与MIMO蜂窝系统的频谱共享问题,提出了保持雷达性能的天线设计方法和以雷达为中心的频谱共享投影算法。此外,书中还给出了相关算法的MATLAB代码。

本书作者长期从事雷达-通信系统频谱共享领域的研究,近年来发表了多篇论文和专著。本书很多内容都是来自于作者的研究成果,可为从事电子、通信领域教学科研的广大师生及工程技术人员提供有益的参考。

目前,国内有关雷达-通信系统频谱共享的专著还不多见,也缺少一本实用性强的专业书籍。因此,我们组织翻译了这本书,希望能对国内从事相关领域工作的读者有所裨益。

本书的翻译工作由国防科技大学第六十三研究所李程主持,国防科技大学电子科学学院潘小义、顾赵宇、刘晓斌、吴其华等共同完成。译者长期从事雷达、通信领域的教学与科研工作,近年来在该领域主持和参与了多项国家级和省部级项目的研究工作,具有较强的相关理论基础,并在国外期刊和国际会议发表了多篇学术论文,具备所需的英语运用和翻译能力。在本书的翻译过程中,李程、潘小义完成了前言、第1章和关键术语的翻译,顾赵宇、吴其华、刘晓斌分别完成了第2章、第3章、第4章的翻译,全书的统稿由李程完成,审校由李程和潘小义共同完成。

在此，译者要感谢国防工业出版社张冬晔编辑在本书翻译过程中提供的帮助。由于受到时间、精力和译者水平的限制，译文中可能存在一些错误和疏漏之处，恳请广大读者不吝赐教、批评指正。如需来信，可发电子邮件至：li-cheng@nudt.edu.cn。

译者

2022年12月·南京

前　言

无线电频谱是一种稀缺而重要的自然资源，在监测、导航、通信、广播等许多场景都有应用。近年来，频谱的使用有了巨大的增长，特别是商业蜂窝运营商占用了大量频谱资源。智能手机和平板电脑的大量使用是频谱利用率创历史新高的原因之一，蜂窝运营商因此面临着无线频谱紧缺的问题，难以满足用户的带宽使用需求。另外，频谱测量却显示，即使是在人口稠密的市区，许多未被蜂窝运营商使用的频谱也没有得到充分利用。这促使人们通过对现有系统影响很小或没有影响的二级系统来实现频谱的共享接入。频谱共享是一种具有前景的解决频谱拥堵问题的方法，它使蜂窝运营商可以获得更多的频谱，以满足商业用户日益增长的带宽需求。

美国的联邦通信委员会（Federal Communications Commission，FCC）和国家电信信息管理局（National Telecommunications and Information Administration，NTIA）两家频谱监管机构正在研究一个方案，计划与商业无线运营商共享联邦机构持有的150MHz频谱（3550~3700MHz频段），该频段主要供国防部中对国防至关重要的空中、地面和舰载雷达系统使用。现场测试表明，为了防止受到有害干扰，雷达和通信系统进行频谱共享需要间隔很大的距离。这样的频谱共享无法惠及大量美国民众，对商业运营商也几乎没有商业价值。因此，需要研究新的方法，使得两个系统之间无需很大的保护间距，也能实现频谱共享。

为使位于同一地理区域内的雷达和通信系统之间能够有效地共享频谱，本书提出了一种变换雷达信号而不干扰通信的新方法，通过将雷达信号投影到雷达-通信系统之间的无线信道零空间来实现，一般在通信方向上使雷达波束方向图形成零值。本书提出的信号整形/设计方法既适用于雷达，也适用于其他频谱共享目标。不过在频谱共享的约束下，信号整形/设计出的新雷达信号会导致雷达性能下降。因此，研究投影对雷达性能的影响具有重要的意义。本书研究了目标检测概率、目标到达角的克拉美罗界、最大似然估计、雷达波束方向图等指标对雷达性能的影响。结果显示，本书提出的方法对雷达性能影响最小，并能显著缩小隔离区域，从而证明了方法的有效性。

雷达和通信系统之间的频谱共享是一个重要的跨学科研究领域，对联邦和商业都有价值。本书提出的频谱共享方法不仅使得雷达和通信系统无须设置隔离区，即可以在同一地理区域工作，保护系统之间不受彼此干扰，而且能为通信系统提供可观的通信容量增益。

Awais Khawar

Ahmed Abdelhadi

T. Charles Clancy

2016年9月·美国弗吉尼亚州阿林顿

关于作者

Awais Khawar博士是联合无线公司的高级工程师。他于2007年在巴基斯坦白沙瓦国立计算机与新兴科学大学获得电信工程学士学位,2010年在马里兰大学学院公园分校获得电气工程硕士学位,2015年在弗吉尼亚理工大学获得电气工程博士学位。在马里兰大学,其研究方向是认知无线电网络的频谱感知安全,他在频谱感知安全方面的工作被"*IEEE COMSOC Best Readings in Cognitive Radio*"收录。在弗吉尼亚理工大学,其研究方向是一体化无线通信和雷达系统的频谱共享、安全、优化和资源分配。Khawar博士与人合著了20多本经同行评议的技术出版物,也是《与蜂窝系统共享频谱的MIMO雷达波形设计》(Springer,2016)一书的合著者。

Ahmed Abdelhadi博士是弗吉尼亚理工大学的研究助理教授。他于2011年12月在得克萨斯大学奥斯汀分校获得电气和计算机工程博士学位。在攻读博士学位期间,他也是无线网络和通信集团(Wireless Networking and Communications Group,WNCG)的成员。2012年,他加入了弗吉尼亚理工大学布拉德利电气和计算机工程系和休谟国家安全与技术中心。他的研究领域是资源分配优化、雷达与无线系统和安全。在这些研究领域,Abdelhadi博士与人合著了50多篇期刊/会议论文和5本专著。

T.Charles Clancy博士是弗吉尼亚理工大学电气与计算机工程副教授,也是休谟国家安全与技术中心的负责人。在2010年加入弗吉尼亚理工大学之前,他是马里兰大学国防研究实验室电信科学实验室的高级研究员,负责软件定义和认知无线电的研究项目。Clancy博士在罗斯-胡尔曼理工学院获得计算机工程学士学位,在伊利诺伊大学获得电气工程硕士学位,在马里兰大学获得计算机科学博士学位。他是IEEE的高级会员,发表了150多篇经同行评审的技术出版物。目前他的研究方向包括认知通信和频谱安全。

目 录

第1章 引 言

Awais Khawar, Jasmin Mahal, Chowdhury Shahriar

为了应对单用户和全网数据流量的迅猛增长，蜂窝网络运营商的容量预计将增加1000倍[1]。增加基础设施投资（如更多数量的蜂窝）或者采用更高效的频谱技术（如LTE-Advanced），可以部分帮助应对这一挑战。为了满足商业频谱的需求，美国联邦通信委员会（Federal Communications Commission，FCC）正在考虑包括奖励拍卖和共享联邦频谱在内的多种方案。在这两种方案中，频谱共享是一项相当有前景的技术，因为有大量未充分利用的联邦频段可以与商业蜂窝运营商共享，以满足其不断增长的需求。但是，频谱共享也带来了一系列固有的挑战。对于现有的运营商，其他与之共享频谱的系统运行可能产生有害干扰，因此需要保护现有的运营商免受影响。

无线通信系统和雷达之间的频谱共享是一个新兴的研究领域。过去，频谱共享主要是由配备了认知无线电的用户利用合适的时机在无线通信系统之间进行[2]。这种类型的频谱共享是通过使用频谱感知[3]、地理位置数据库[4]或两者结合以无线电环境地图（Radio Environment Maps，REM）的形式实现的[5]。最近的一些研究已经对二级网络实体之间的共信道共享方法进行了探索，具体参见文献[6]及其参考文献。不同的是，由于监管方面的担忧，无线系统和雷达之间的共信道频谱共享至今仍很少受到关注。

过去，由于担心商业无线业务会对雷达系统的使用造成不利影响，所以除了极个别情况[7]，频谱监管机构一直不允许商用无线业务占用雷达频段。最近，美国FCC计划将3550~3650MHz频段用于商业宽带[8]，这个频段目前归雷达和卫星系统使用[9]。该委员会计划由雷达、卫星和商业通信系统共享这一频段资源。联邦通信委员会的频谱共享倡议受到包括总统的国家宽带计划在内的诸多因素的推动，国家宽带计划呼吁到2020年，联邦政府应开放多达500MHz带宽的频谱[10]。运营商现有的频谱资源已经无法满足消费者对于增大移动带宽的需求。总统科技顾问委员会（President's Council of Advisers on Science and Technology，PCAST）的一份关于频谱高效利用的报告强调了对政府持有的1000MHz带宽的频谱资源的共享[11]，以及现有的政府用户对于3550~3650MHz频段的低利用率[12]。

在未来，当许多不同的系统（如雷达和蜂窝系统）共享无线电频谱资源时，考虑系统之间的干扰场景是非常必要的。如果不采用适当的干扰抑制方法或新的频谱共享算法，雷达必然会对通信系统造成干扰，反之亦然。美国国家电信信息管理局（National Telecommunications and Information Administration，NTIA）进行的一项研究显示，要想保护商用蜂窝通信系统不受大功率雷达信号的影响，需要设置较大的隔离区[12]。这些隔离区覆盖了美国大部分人口居住的地区，因此无法将雷达频段用于商用。为了将雷达频段共享用于商业，必须找到两种系统之间的干扰抑制技术。本书主要研究雷达系统对通信系统的干扰，并提出了抑制这种干扰的方法。

在联邦雷达和商业通信系统的前两代频谱共享中，采用的方法是保护主用户或现任联邦用户不受二级用户或商业用户的有害干扰影响，并对二级用户信号进行相应的调整。在该方法中，政府用户完全是被动的，因为他们并不是以共享的理念进行设计的。为了使联邦用户保持极高的干扰保护度，将整个共享方式的负担都放在了商业系统上。然而，以非常保守的标准进行频谱共享使得其潜能非常有限，以至于到目前为止，这种方法在美国只取得了有限的进展[13]。Michael J. Marcus 解决了其中的基本问题，如图 1.1 所示[13]。图中曲线显示的是可用空闲频谱占比，它可以看作是主用户不受干扰或干扰可忽略时所需置信水平的函数。如果主用户的设计没有考虑任何共享，就像目前的情况一样，那么干扰保护必须考虑所有最坏的可能情况，从而产生了非常保守的共享标准。然而，如果主用户以预期的共享模式进行设计，并且可以与新用户协作，那么空闲频谱的比例将会更高。因此，正如 Marcus 建议的那样，第三代频谱共享可以基于以共享为目的的联邦系统进行创新设计。

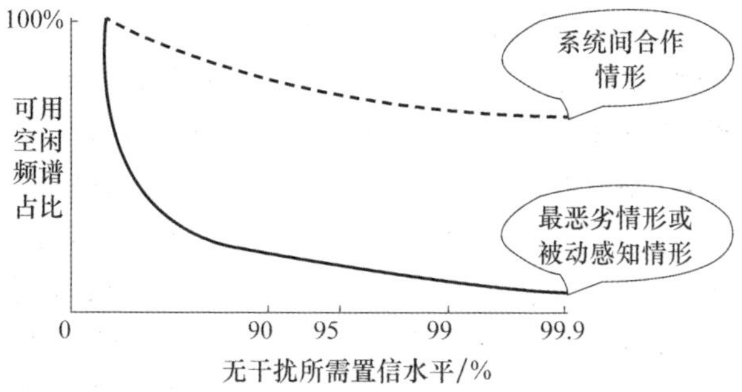

图 1.1　不同情形下的可用空闲频谱占比

联邦与商业的频谱共享并不是一种新的尝试。实际上，为了保护现有用户免受干扰，商业无线系统之前就与政府频段在低发射功率的基础上进行了共享。一个典型案例是采用 5250~5350MHz 和 5470~5725MHz 雷达频段的无线局域网（Wireless Local Area Network，WLAN）[14]。因此，FCC 新提出的与小蜂窝（低功率无线基站)共享3.5GHz雷达频段的举措与以往的做法实际上是一致的[8]。

现有研究表明,在雷达和通信系统之间共享频谱的方法很多。与通信系统共享雷达频谱时,可以使用基于协作感知的频谱共享方法[15-17]。可以构设这样一种联合通信-雷达平台,该平台中的频率捷变雷达额外执行频谱感知任务,当发现存在未使用的频率时,就改变其工作频率。除了频谱共享之外,该方法还可以实现雷达和通信系统共址平台,为通信和雷达提供一体化应用[18-21]。也可以对雷达波形进行整形,使其不对通信系统造成干扰[22-26]。此外,还可以通过通信系统的数据库辅助感知[27]和多输入多输出(Multiple-Input Multiple-Output,MIMO)雷达的波束形成方法来实现频谱共享[28]。

本书对不同类型雷达-通信系统频谱共享问题的多个方面进行研究,特别研究了共享频谱的雷达系统在受频谱共享约束时的性能。

第2章研究了MIMO舰载雷达系统与商用MIMO蜂窝网络之间的频谱共享问题。本章首先设计了频谱共享的算法,然后分析了雷达系统的性能。此外,第2章还研究了目标的参数估计、检测和跟踪等雷达信号处理的关键问题。当雷达与其他系统(如蜂窝系统)共享频谱时,这个问题至关重要。

第3章研究了MIMO雷达系统与商用MIMO蜂窝网络之间频谱共享的具体问题。MIMO蜂窝网络由协作基站集群组成,通常称为多点协同(Coordinated Multi-Point,CoMP)系统。第3章设计了两种工作模式的雷达预编码器:协作/认知模式和干扰抑制模式。在协作/认知模式下,雷达不仅利用设计的预编码器向通信系统广播信息,而且利用其感知能力收集基站集群的信息,并通过通信系统发送的训练符号或者盲零空间学习进行信道估计。通过处理这些信息,雷达可以在干扰抑制模式下确定共享频谱的最优基站集群。

第4章研究了交叠多输入多输出(Overlapped-MIMO)雷达系统与蜂窝系统的频谱共享问题。为降低对通信系统的干扰,第4章提出了天线设计方法,同时保持了MIMO雷达的高性能(如在波束方向图中保留改进的旁瓣抑制,并获得更高的信噪比增益);另一方面,提出了以雷达为中心的频谱共享投影算法,通过将雷达信号投影到通信信道的零空间上,避免了对通信系统的干扰。

参考文献

[1] W. Lehr, Toward more efficient spectrum management, in MIT Communications Futures Program (2014), pp. 1–31, http://cfp.mit.edu/groups/spectrum-policy.shtml.

[2] S. Haykin, Cognitive radio: brain-empowered wireless communications. IEEE J. Sel. Areas Commun. **23**, 201–220 (2005).

[3] T. Yucek, H. Arslan, A survey of spectrum sensing algorithms for cognitive radio applications.

IEEE Commun. Surv. Tutor. 11, 116–130 (2009).

[4] R. Murty, R. Chandra, T. Moscibroda, P.V. Bahl, Senseless: a database–driven white spaces network. IEEE Trans. Mob. Comput. 11, 189–203 (2012).

[5] Y. Zhao, L. Morales, J. Gaeddert, K. Bae, J.–S. Um, J. Reed, Applying radio environment maps to cognitive wireless regional area networks, in *2nd IEEE International Symposium on New Frontiers in Dynamic Spectrum Access Networks (DySPAN)* (2007), pp. 115–118.

[6] B. Gao, J. Park, Y. Yang, Uplink soft frequency reuse for self-coexistence of cognitive radio networks. IEEE Trans. Mobile Comput. 13, 1366–1378 (2014).

[7] A. Khawar, A. Abdel–Hadi, T.C. Clancy, A mathematical analysis of LTE interference on the performance of S-band military radar systems, in *13th Annual Wireless Telecommunications Symposium (WTS)* (Washington, DC, USA, 2014).

[8] Federal Communications Commission (FCC), FCC proposes innovative small cell use in 3.5 GHz band, 12 Dec 2012, http://www. fcc. gov/document/fcc-proposes–innovative-small-cell-use-35–ghz-band.

[9] A. Khawar, I. Ahmad, A.I. Sulyman, Spectrum sharing between small cells and satellites: opportunities and challenges, in *IEEE ICC 2015–Workshop on Cognitive Radios and Networks for Spectrum Coexistence of Satellite and Terrestrial Systems (CogRaN–Sat) (ICC' 15–Workshops 02)* (London, UK, 2015).

[10] Federal Communications Commission (FCC), Connecting America: The national broadband plan (2010) (Online).

[11] The Presidents Council of Advisors on Science and Technology (PCAST), Realizing the full potential of government–held spectrum to spur economic growth (2012).

[12] National Telecommunications and Information Administration (NTIA), An assessment of the near-term viability of accommodating wireless broadband systems in the 1675–1710 MHz, 1755–1780 MHz, 3500–3650 MHz, 4200–4220 MHz, and 4380–4400 MHz bands (Fast Track Report) (2010) (Online).

[13] M.J. Marcus, New approaches to private sector sharing of federal government spectrum. New Am. Found. 26, 1–8 (2009).

[14] Federal Communications Commission (FCC), In the matter of revision of parts 2 and 15 of the commissions rules to permit unlicensed national information infrastructure (U-NII) devices in the 5 GHz band. MO&O, ET Docket No. 03–122 (2006).

[15] L.S. Wang, J.P. McGeehan, C. Williams, A. Doufexi, Application of cooperative sensing in radar-communications coexistence. IET Commun. 2, 856–868 (2008).

[16] S.S. Bhat, R.M. Narayanan, M. Rangaswamy, Bandwidth sharing and scheduling for multi–modal radar with communications and tracking, in *IEEE Sensor Array and Multichannel Signal Processing Workshop* (2012), pp. 233–236.

[17] R. Saruthirathanaworakun, J. Peha, L. Correia, Performance of data services in cellular networks sharing spectrum with a single rotating radar, in IEEE International Symposium on a

World of Wireless, Mobile and Multimedia Networks (WoWMoM) (2012), pp. 1–6.

[18] C. Rossler, E. Ertin, R. Moses, A software defined radar system for joint communication and sensing, in *IEEE Radar Conference (RADAR)* (2011), pp. 1050–1055.

[19] R.Y.X. Li, Z. Zhang, W. Cheng, Research of constructing method of complete complementary sequence in integrated radar and communication, in *IEEE Conference on Signal Processing*, vol. 3 (2012), pp. 1729–1732.

[20] C. Sturm, W. Wiesbeck, Waveform design and signal processing aspects for fusion of wireless communications and radar sensing. Proc. IEEE 99, 1236–1259 (2011).

[21] M.P. Fitz, T.R. Halford, I. Hossain, S.W. Enserink, Towards simultaneous radar and spectral sensing, in *IEEE International Symposium on Dynamic Spectrum Access Networks (DYSPAN)* (2014), pp. 15–19.

[22] S. Sodagari, A. Khawar, T.C. Clancy, R. McGwier, A projection based approach for radar and telecommunication systems coexistence, in *IEEE Global Communications Conference (GLOBECOM)* (2012).

[23] X. Chen, X. Wang, S. Xu, J. Zhang, A novel radar waveform compatible with communication, in *International Conference on Computational Problem-Solving (ICCP)* (2011), pp. 177–181.

[24] A. Khawar, A. Abdel-Hadi, T.C. Clancy, Spectrum sharing between S-band radar and LTE cellular system: a spatial approach, in *2014 IEEE International Symposium on Dynamic Spectrum Access Networks: SSPARC Workshop (IEEE DySPAN 2014–SSPARC Workshop)* (McLean, USA, 2014).

[25] A. Khawar, A. Abdel-Hadi, T.C. Clancy, MIMO radar waveform design for coexistence with cellular systems, in *2014 IEEE International Symposium on Dynamic Spectrum Access Networks: SSPARC Workshop (IEEE DySPAN 2014–SSPARC Workshop)* (McLean, USA, 2014).

[26] A. Khawar, A. Abdelhadi, T.C. Clancy, QPSK waveform for MIMO radar with spectrum sharing constraints, in *Physical Communication* (2014).

[27] F. Paisana, J.P. Miranda, N. Marchetti, L.A. DaSilva, Database-aided sensing for radar bands, in *IEEE International Symposium on Dynamic Spectrum Access Networks (DYSPAN)* (2014), pp. 1–6.

[28] H. Deng, B. Himed, Interference mitigation processing for spectrum-sharing between radar and wireless communications systems. IEEE Trans. Aerosp. Electron. Syst. 49(3), 1911–1919 (2013).

第2章　一种基于投影的频谱共享方法①

Awais Khawar, Ahmed Abdelhadi, T. Charles Clancy

频谱共享是一种解决频谱稀缺问题的新途径。本章首先提出了MIMO雷达和具有多基站的长期演进(Long Term Evolution, LTE)蜂窝系统之间频谱共享的空间方法。MIMO雷达和LTE共享多个干扰信道。本章提出的干扰信道选择算法将雷达信号投影到MIMO雷达和LTE之间的干扰信道的零空间,以使MIMO雷达的干扰为零。选择具有最大零空间的干扰信道,并将雷达信号投影到该信道的零空间上。本章提出的空间频谱共享算法以雷达为中心,通过仔细选择干扰信道,使雷达性能损失最小,同时保护第i个LTE基站免受雷达干扰。分析和仿真的结果表明,当雷达信号投影到的信道时,所提出的干扰信道选择算法能够使雷达性能损失更小。另外本章解决了雷达的目标探测问题,雷达将波形投影到干扰信道的零空间,以减轻对蜂窝系统的干扰。这里考虑MIMO雷达和多基站MIMO蜂窝通信系统。考虑两种频谱共享方案,第一种方案,雷达可用的自由度(Degrees of Freedom, DoF)不足以同时满足检测目标和减少对多个基站干扰的要求。对于这种情况,在保证波形恶化最小的基础上,可以从多个基站中选择一个基站进行波形投影。第二种方案,雷达有足够的DoF同时满足目标检测和抑制对所有基站干扰的要求。本章研究了零空间投影(Null Space Projection, NSP)波形的目标检测能力,并与正交波形进行了比较。同时本章还推导了用于目标检测的广义似然比检验(Generalized Likelihood Ratio Test, GLRT),以及用于NSP和正交波形的检验统计,对两种波形的目标检测性能进行了理论研究和蒙特卡罗仿真。

本章内容安排如下:2.1节讨论MIMO雷达、目标信道、正交波形、干扰信道和蜂窝系统模型。此外,还讨论了建模和统计上的假设。2.2节讨论MIMO雷达和蜂窝系统之间的频谱共享,并介绍共享架构和投影算法。2.3节讨论进行频谱共享的雷达的目标参数估计性能,并给出了数值结果。2.4节介绍用于目标检测

①本章内容的出版已经过修改和许可(许可证编号:3926160879020、3926160775881)。原文请参阅:A. Khawar, A. Abdelhadi, C. Clancy, "Target detection performance of spectrum sharing MIMO radars", IEEE Sens. J. 15, 4928–4940 (2015)和A. Khawar, A. Abdelhadi, C. Clancy, "Spec-trum sharing between S-band radar and LTE cellular system: A spatial approach", IEEE Inter- national Symposium on Dynamic Spectrum Access Networks (2014)。

的GLRT,推导了NSP和正交波形的检验统计,并给出了数值结果。2.5节对本章进行总结。

2.1 系统模型

本节将介绍MIMO雷达的基本知识、远场点目标、正交波形、干扰信道和蜂窝系统模型。此外,本节还讨论了建模、统计假设以及本章中使用的射频环境。

2.1.1 雷达模型

本章考虑的雷达是一个具有M个发射和接收天线的舰载共址MIMO雷达。共址MIMO雷达的阵元间距约为波长的一半。另一类MIMO雷达是分布式MIMO雷达,其中阵元的间隔很宽,从而增强了空间分集增益[1]。与分布式雷达相比,共址雷达具有更好的空间分辨率和目标参数识别能力[2]。

2.1.2 目标模型/信道

本章考虑的是一个点目标模型,该模型被定义为在无穷小空间范围的单散射体。该模型是一个很好的假设,并在雷达理论中广泛应用于雷达阵元共置且与阵元间距远小于阵元与目标距离的情况[3]。具有单位雷达散射截面(Radar Cross-Section, RCS)的点目标反射的信号在数学上用狄拉克δ函数表示。

2.1.3 信号模型

设$\boldsymbol{x}(t)$为具有M个阵元的MIMO雷达的发射信号,其定义为

$$\boldsymbol{x}(t)=\left[x_1(t)\mathrm{e}^{\mathrm{j}\omega_{\mathrm{c}}t},x_2(t)\mathrm{e}^{\mathrm{j}\omega_{\mathrm{c}}t},\cdots,x_M(t)\mathrm{e}^{\mathrm{j}\omega_{\mathrm{c}}t}\right]^{\mathrm{T}} \tag{2.1}$$

式中:$x_k(t)\mathrm{e}^{\mathrm{j}\omega_{\mathrm{c}}t}$为第$k$个阵元发射的基带信号;$\omega_{\mathrm{c}}$为载波角频率;$t\in\left[0,T_0\right]$;$T_0$为观察时间。将传输导向向量定义为

$$\boldsymbol{a}_{\mathrm{T}}(\theta)\stackrel{\mathrm{def}}{=}\left[\mathrm{e}^{-\mathrm{j}\omega_{\mathrm{c}}\tau_{T_1}(\theta)},\mathrm{e}^{-\mathrm{j}\omega_{\mathrm{c}}\tau_{T_2}(\theta)},\cdots,\mathrm{e}^{-\mathrm{j}\omega_{\mathrm{c}}\tau_{T_M}(\theta)}\right]^{\mathrm{T}} \tag{2.2}$$

发送-接收导向矩阵可以写为

$$\boldsymbol{A}(\theta)\stackrel{\mathrm{def}}{=}\boldsymbol{a}_{\mathrm{R}}(\theta)\boldsymbol{a}_{\mathrm{T}}^{\mathrm{T}}(\theta) \tag{2.3}$$

由于这里考虑的发送和接收均为M个阵元,因此定义$\boldsymbol{a}(\theta)\stackrel{\mathrm{def}}{=}\boldsymbol{a}_{\mathrm{T}}(\theta)\stackrel{\mathrm{def}}{=}\boldsymbol{a}_{\mathrm{R}}(\theta)$。位于角度$\theta$具有恒定径向速度$V_{\mathrm{r}}$的远场单个点目标,其雷达回波信号可以写成

$$\boldsymbol{y}(t)=\alpha\mathrm{e}^{-\mathrm{j}\omega_{\mathrm{D}}t}\boldsymbol{A}(\theta)\boldsymbol{x}\big(t-\tau(t)\big)+\boldsymbol{n}(t) \tag{2.4}$$

式中:$\tau(t)=\tau_{T_k}(t)+\tau_{R_l}(t)$为目标分别与第$k$个发送阵元、第$l$个接收阵元之间传

输延迟的和；ω_D为多普勒频移；α为复杂路径带来的损耗，包括传播损耗和反射系数；$\boldsymbol{n}(t)$为零均值复高斯噪声。

2.1.4 建模假设

为了便于分析处理，对信号模型做了如下假设：

(1)对于远场探测场景，假设所有发送和接收阵元的传播路径损耗α都是相同的[4]。

(2)角度θ是目标的方位角。

(3)在补偿距离多普勒参数后，可以将式(2.4)简化为

$$\boldsymbol{y}(t) = \alpha\boldsymbol{A}(\theta)\boldsymbol{x}(t) + \boldsymbol{n}(t) \tag{2.5}$$

2.1.5 统计假设

对于式(2.5)表示的接收信号模型进行如下假设：

(1)θ和α为确定性未知参数，分别表示目标到达方向和目标复振幅。

(2)独立的零均值复高斯噪声向量$\boldsymbol{n}(t)$的协方差矩阵为$\boldsymbol{R}_n = \sigma_n^2\boldsymbol{1}_M$，$\boldsymbol{n}(t) \sim \mathcal{N}^{\mathrm{C}}(\boldsymbol{0}_M, \sigma_n^2\boldsymbol{1}_M)$，其中，$\mathcal{N}^{\mathrm{C}}$表示复高斯分布。

(3)基于上述假设，式(2.5)表示的接收信号模型具有如下的独立复高斯分布：

$$\boldsymbol{y}(t) \sim \mathcal{N}^{\mathrm{C}}(\alpha\boldsymbol{A}(\theta)\boldsymbol{x}(t), \sigma_n^2\boldsymbol{1}_M) \tag{2.6}$$

2.1.6 正交波形

本章考虑MIMO雷达发射的正交波形，例如：

$$\boldsymbol{R}_x = \int_{T_0} \boldsymbol{x}(t)\boldsymbol{x}^{\mathrm{H}}(t)\mathrm{d}t = \boldsymbol{1}_M \tag{2.7}$$

在传输中使用正交信号使MIMO雷达在发射机和接收机的数字波束形成方面具有优势，提高了角度分辨率；以虚拟阵列的形式扩展了阵列孔径，增加了可分辨目标的数量，降低了旁瓣[5]；与相干波形相比，被截获的概率更低[4]。

2.1.7 通信系统

本章考虑一个MIMO蜂窝系统，该系统有K个基站，每个基站都配有N^{BS}个接收和发射天线。第i个基站支持的用户设备数为L_i^{UE}。这些用户设备也是多天线系统，其发射和接收天线数为N^{UE}。假设$s_j^{\mathrm{UE}}(t)$是第i个基站中的第j个用户设备的发射信号，则第i个基站的接收信号可以表示为

$$\boldsymbol{r}_i(t) = \sum_j \boldsymbol{H}_j^{N^{\mathrm{BS}} \times N^{\mathrm{UE}}} \boldsymbol{s}_j^{\mathrm{UE}}(t) + \boldsymbol{w}(t), 1 \leqslant j \leqslant L_i^{\mathrm{UE}} \tag{2.8}$$

式中：$\boldsymbol{w}(t)$为加性高斯噪声。

2.1.8　干扰信道

本节描述了MIMO蜂窝基站和MIMO雷达之间存在的干扰信道。这里考虑K个蜂窝基站，因此模型中的干扰信道为$\boldsymbol{H}_i(i = 1,2,\cdots,K)$。

$\boldsymbol{H}_i$可表示为

$$\boldsymbol{H}_i = \begin{bmatrix} h_i^{(1,1)} & \cdots & h_i^{(1,M)} \\ \vdots & & \vdots \\ h_i^{(N^{\mathrm{BS}},1)} & \cdots & h_i^{(N^{\mathrm{BS}},M)} \end{bmatrix} (N^{\mathrm{BS}} \times M) \tag{2.9}$$

式中：$h_i^{(l,k)}$表示MIMO雷达中第k个天线阵元与蜂窝系统中第i个基站的第l个天线阵元之间的通道系数。假设$\boldsymbol{H}_i$中的元素是独立同分布且圆对称的复高斯随机变量，具有零均值和单位方差，因此服从瑞利分布。有关雷达和蜂窝系统之间干扰信道建模的更全面的描述（包括二维和三维信道模型），请参见参考文献[6–9]。

2.1.9　协作射频环境

在无线通信的相关文献中，通常假设基站的发射机在频分双工系统（Frequency Division Duplexing，FDD）中通过来自用户设备接收机的反馈来获得信道状态信息（Channel State Information，CSI）[10]，或者在时分双工系统（Time Division Duplexing，TDD）中通过交互信道来获取CSI[11]。只要反馈的消耗是合理的，并且射频信道的相干时间分别大于双向通信时间，那么反馈和互易就是有效和实用的。

在雷达与通信系统共享其频谱的情况下，获取CSI的一种方法是雷达根据通信接收机（或通信基站）发送的训练符号来估计$\boldsymbol{H}_i$[11]；另一种方法是，雷达利用低功率的参考信号帮助通信系统进行信道估计，通信系统则将估计的信道反馈给雷达[12]。由于雷达信号在通信系统中被视为干扰，因此可以将信道描述为干扰信道，并将其相关信息称为干扰信道状态信息（Interference Channel State Information，ICSI）。

雷达和通信系统之间的频谱共享可以设想为两个领域：一种是军用雷达与军用通信系统共享频谱，可称为Mil2Mil共享；另一种是军用雷达与商用通信系统共享频谱，可称之为Mil2Com共享。在Mil2Mil共享中，由于两种系统都属于军用，雷达可以相当容易地获取ICSI。在Mil2Com共享中，ICSI可以通过向商业通信系统提供激励来获得。在这种情况下,最大的激励是雷达干扰的置零和防护。因此,无论共享场景是Mil2Mil还是Mil2Com,都可以利用ICSI来减轻通信系统中的雷达干扰。

2.2 雷达-蜂窝系统频谱共享

前面介绍了雷达和蜂窝系统模型,本节讨论雷达和蜂窝系统之间的频谱共享。在本节的共享架构中,MIMO雷达和蜂窝系统的共同用户主要使用3550~3650MHz频段。在接下来的部分中将首先讨论频谱共享问题的体系结构,然后讨论频谱共享算法。

2.2.1 总体架构

图2.1中展示了频谱共享场景,其中海事MIMO雷达与蜂窝系统共享K个干扰信道。考虑到这种情况,在第i个基站的接收机接收的信号可以写为

$$\boldsymbol{r}_i(t) = \boldsymbol{H}_i^{N^{\mathrm{BS}} \times M}\boldsymbol{x}(t) + \sum_j \boldsymbol{H}_j^{N^{\mathrm{BS}} \times N^{\mathrm{UE}}}\boldsymbol{s}_j^{\mathrm{UE}}(t) + \boldsymbol{w}(t) \tag{2.10}$$

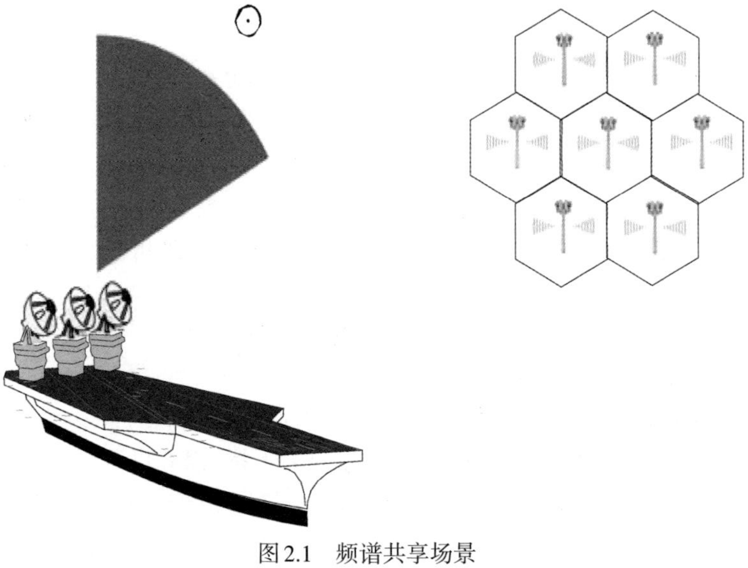

图2.1　频谱共享场景

图2.1展示了舰载MIMO雷达在检测点目标的同时,还与MIMO蜂窝系统共享频谱,并且不会对蜂窝系统造成干扰。

MIMO雷达的目的是将$\boldsymbol{x}(t)$映射到$\boldsymbol{H}_i$的零空间,以避免对第i个基站的干扰,即$\boldsymbol{H}_i\boldsymbol{x}(t) = \boldsymbol{0}$,因此$\boldsymbol{r}_i(t)$应采用式(2.8)而不是式(2.10)。

2.3　小型MIMO雷达的频谱共享算法

本节将讨论当MIMO雷达具有比蜂窝基站(BS)更小的天线阵列时，频谱共享MIMO雷达的性能指标，例如$M_{\mathrm{T}} \leqslant N_{\mathrm{R}}$。这里考虑MIMO雷达和LTE蜂窝系统之间基于$K$个基站的频谱共享。MIMO雷达和LTE共享$K$个干扰信道，如$\boldsymbol{H}_i(i=1,2,\cdots,K)$。这里建议使用本章提出的干扰信道选择算法将雷达信号投影到MIMO雷达和LTE之间干扰信道的零空间，以实现MIMO雷达的零干扰。这里选择具有最大零空间的干扰信道，如$\arg\max_{1\leqslant i\leqslant K}\dim\left[\mathcal{N}\left(\boldsymbol{H}_i\right)\right]$，将雷达信号投影到该通道的零空间。本节提出的空间频谱共享算法以雷达为中心，通过仔细选择干扰信道使雷达性能损失最小，同时保护第i个LTE基站免受雷达干扰。分析和仿真结果表明，用提出的干扰信道选择算法来选择雷达信号投影的信道，将使得雷达性能损失较小。

2.3.1　性能指标

本节选择目标到达角的克拉美罗界(Cramér-Rao Bound，CRB)和最大似然(Maximum Likelihood，ML)估计作为MIMO雷达系统的性能指标。这里感兴趣的是研究雷达波形的零空间投影对目标到达角估计的影响。文献[4]中给出了无干扰情况下单个目标的CRB，在没有干扰和单个目标的情况下，ML估计可以如文献[4]中表示：

$$\mathrm{CRB}(\theta)=\frac{1}{2\mathrm{SNR}}\left(M_{\mathrm{R}}\dot{\boldsymbol{a}}_{\mathrm{T}}^{\mathrm{H}}(\theta)\boldsymbol{R}_{\boldsymbol{x}}^{\mathrm{T}}\dot{\boldsymbol{a}}_{\mathrm{T}}(\theta)+\boldsymbol{a}_{\mathrm{T}}^{\mathrm{H}}(\theta)\boldsymbol{R}_{\boldsymbol{x}}^{\mathrm{T}}\cdot\boldsymbol{a}_{\mathrm{T}}(\theta)\left\|\dot{\boldsymbol{a}}_{\mathrm{R}}(\theta)\right\|^2-\frac{M_{\mathrm{R}}\left|\boldsymbol{a}_{\mathrm{T}}^{\mathrm{H}}(\theta)\boldsymbol{R}_{\boldsymbol{x}}^{\mathrm{T}}\dot{\boldsymbol{a}}_{\mathrm{T}}(\theta)\right|^2}{\boldsymbol{a}_{\mathrm{T}}^{\mathrm{H}}(\theta)\boldsymbol{R}_{\boldsymbol{x}}^{\mathrm{T}}\boldsymbol{a}_{\mathrm{T}}(\theta)}\right)^{-1} \tag{2.11}$$

无干扰和单个目标情况下的最大似然值可如文献[4]中所示：

$$(\hat{\theta},\hat{\tau}_{\mathrm{r}},\hat{\omega}_{\mathrm{D}})_{\mathrm{ML}}=\arg\max_{\theta,\tau_{\mathrm{r}},\omega_{\mathrm{D}}}\frac{\left|\boldsymbol{a}_{\mathrm{R}}^{\mathrm{H}}(\theta)\boldsymbol{E}(\tau_{\mathrm{r}},\omega_{\mathrm{D}})\boldsymbol{a}_{\mathrm{T}}^{*}(\theta)\right|^2}{M_{\mathrm{R}}\boldsymbol{a}_{\mathrm{T}}^{\mathrm{H}}(\theta)\boldsymbol{R}_{\boldsymbol{x}}^{\mathrm{T}}\boldsymbol{a}_{\mathrm{T}}(\theta)} \tag{2.12}$$

式中

$$\dot{\boldsymbol{a}}_{\mathrm{R}}(\theta)=\frac{\mathrm{d}\boldsymbol{a}_{\mathrm{R}}(\theta)}{\mathrm{d}\theta}$$

$$\dot{\boldsymbol{a}}_{\mathrm{T}}(\theta)=\frac{\mathrm{d}\boldsymbol{a}_{\mathrm{T}}(\theta)}{\mathrm{d}\theta}$$

$$\boldsymbol{R}_{x}=\int_{T_0}\boldsymbol{x}(t)\boldsymbol{x}^{\mathrm{H}}(t)\mathrm{d}t$$

$$\boldsymbol{E}(\tau_{\mathrm{r}},\omega_{\mathrm{D}})=\int_{T_0}\boldsymbol{y}(t)\boldsymbol{x}^{\mathrm{H}}(t-\tau_{\mathrm{r}})\mathrm{e}^{\mathrm{j}\omega_{\mathrm{D}}t}\mathrm{d}t$$

式中：τ_{r}为目标和参考点之间的双向传播延迟；ω_{D}为多普勒频移。

除了CRB和ML等性能指标外，本节还对由于雷达波形的零空间投影导致的MIMO雷达波束方向图的变化感兴趣。波束方向图是波束形成器在θ方向对目标的响应的度量，如文献[4]所示：

$$G(\theta,\theta_{\mathrm{D}})=\Gamma\frac{\left|\boldsymbol{a}_{\mathrm{T}}^{\mathrm{H}}(\theta)\boldsymbol{R}_{x}^{\mathrm{T}}\boldsymbol{a}_{\mathrm{T}}(\theta_{\mathrm{D}})\right|^{2}}{\boldsymbol{a}_{\mathrm{T}}^{\mathrm{H}}(\theta_{D})\boldsymbol{R}_{x}^{\mathrm{T}}\boldsymbol{a}_{\mathrm{T}}(\theta_{\mathrm{D}})}\frac{\left|\boldsymbol{a}_{\mathrm{R}}^{\mathrm{H}}(\theta)\boldsymbol{a}_{\mathrm{R}}(\theta_{\mathrm{D}})\right|^{2}}{M_{\mathrm{R}}}\tag{2.13}$$

式中：Γ为归一化常数；θ_{D}为主波束的数字指向角。

2.3.2 干扰信道选择算法

本节提出了如算法1所示的干扰信道选择算法，该算法使用NSP方法(算法2)选择雷达信号投影到的干扰信道。这里假设在MIMO雷达和LTE系统之间存在K个干扰信道，即$\boldsymbol{H}_i(i=1,2,\cdots,K)$，由此寻找最优干扰信道，可以定义为

$$i_{\max}\stackrel{\mathrm{def}}{=}\underset{1\leqslant i\leqslant K}{\arg\max}\dim\left[N(\boldsymbol{H}_i)\right]$$

$$\boldsymbol{H}_{\mathrm{Best}}=\boldsymbol{H}_{i\max}$$

同时寻求避免最坏的信道，可以定义为

$$i_{\min}\stackrel{\mathrm{def}}{=}\underset{1\leqslant i\leqslant K}{\arg\min}\dim\left[N(\boldsymbol{H}_i)\right]$$

$$\boldsymbol{H}_{\mathrm{Worst}}=\boldsymbol{H}_{i\min}$$

式中，$\boldsymbol{H}_i^{N_{\mathrm{R}}\times M_{\mathrm{T}}}$的零空间定义为

$$\mathcal{N}(\boldsymbol{H}_i)\stackrel{\mathrm{def}}{=}\left\{\boldsymbol{x}\in\mathbb{C}^{M_{\mathrm{T}}}:\boldsymbol{H}_i\boldsymbol{x}=\boldsymbol{0}\right\}$$

$\boldsymbol{H}_i^{N_{\mathrm{R}}\times M_{\mathrm{T}}}$的零空间维度定义为

$$\mathrm{null}\,\boldsymbol{H}_i\stackrel{\mathrm{def}}{=}\dim\left[\mathcal{N}(\boldsymbol{H}_i)\right]$$

式中，“dim”是$\boldsymbol{H}_i^{N_{\mathrm{R}}\times M_{\mathrm{T}}}$的零空间中线性独立的列的数量。

在MIMO雷达中，可以首先使用盲零空间学习算法估计K个干扰信道的CSI[13]。然后通过算法2计算这K个干扰信道的零空间。一旦算法1获取到干扰信道的零空间，它将选择具有最大零空间的信道作为候选信道，即$\breve{\boldsymbol{H}}$，并将其发送给算法2，用于雷达信号的NSP。干扰信道选择算法(算法1)在保证雷达性能损失最小化的同时，还能确保对候选基站的零干扰。

算法1 干扰信道选择算法

循环：

条件：

对于 $i=1:K$，估计 $\boldsymbol{H}_i$ 的CSI

将 $\boldsymbol{H}_i$ 送至算法2进行零空间计算

接收算法2返回的 $\dim[\mathcal{N}(\boldsymbol{H}_i)]$

结束条件

找到 $i_{\max}=\underset{1\leqslant i\leqslant K}{\arg\max}\dim\left[\mathcal{N}(\boldsymbol{H}_i)\right]$

令 $\breve{\boldsymbol{H}}=\boldsymbol{H}_{i\max}$ 为候选干扰信道

将 $\breve{\boldsymbol{H}}$ 传送给算法2来获取NSP的雷达波形

结束循环

2.3.3　改进的零空间投影算法

本节将介绍如何采用算法1将雷达信号投影至选择干扰信道的零空间。如前所述，首先使用盲零空间学习算法估计 K 个干扰信道的CSI[13]。在获得 K 个干扰信道的CSI估计值后，从算法1开始，下一步是使用算法2查找每个 $\boldsymbol{H}_i^{N_\mathrm{R}\times M_\mathrm{T}}$ 的零空间。如算法2所示，这一步是根据改进零空间投影算法，利用奇异值分解（Singular Value Decomposition，SVD）定理来完成的。对于第 i 个复干扰信道矩阵，其SVD如下所示：

$$\begin{aligned}\boldsymbol{H}_i^{N_\mathrm{R}\times M_\mathrm{T}}&=\boldsymbol{U}_i\boldsymbol{\Sigma}_i^{N_\mathrm{R}\times M_\mathrm{T}}\boldsymbol{V}_i^\mathrm{H}\\&=\boldsymbol{U}_i\begin{pmatrix}\sigma_1&&&\\&\sigma_2&&\\&&\ddots&\\&&&\sigma_{j\in\min(N_\mathrm{R},M_\mathrm{T})}\end{pmatrix}\boldsymbol{V}_i^\mathrm{H}\end{aligned}$$

式中：$\boldsymbol{U}_i$ 为复酉矩阵；$\boldsymbol{\Sigma}_i$ 为奇异值的对角矩阵；$\boldsymbol{V}_i^\mathrm{H}$ 为复酉矩阵。如果奇异值分解不产生任何零奇异值，就采用数值方法来计算零空间。为了做到这一点，在算法2中设置了一个阈值 δ 并选择低于阈值的奇异值。然后，阈值以下的奇异值的数量作为零空间的维数。

一旦确定了所有干扰信道的零空间，就可以寻求最优信道 $\breve{\boldsymbol{H}}$，即具有最大零空间的信道，根据算法1，该信道的计算公式如下：

$$i_{\max}=\underset{1\leqslant i\leqslant K}{\arg\max}\dim\mathcal{N}(\boldsymbol{H}_i)$$

$$\breve{\boldsymbol{H}}=\boldsymbol{H}_{i\max}$$

算法2 改进NSP算法

条件1：从算法1获得$\boldsymbol{H}_i$
　　对$\boldsymbol{H}_i$进行SVD（即$\boldsymbol{H}_i=\boldsymbol{U}_i\boldsymbol{\Sigma}_i\boldsymbol{V}_i^{\mathrm{H}}$）
条件2：$\sigma_j\neq 0$（即$\boldsymbol{\Sigma}_i$的第j个奇异值）
　　$\dim[\mathcal{N}(\boldsymbol{H}_i)]=0$
　　使用预先设定的阈值δ
循环1：对于$j=1:\min(N_{\mathrm{R}},M_{\mathrm{T}})$
条件3：$\sigma_j<\delta$
　　执行$\dim[\mathcal{N}(\boldsymbol{H}_i)]=\dim[\mathcal{N}(\boldsymbol{H}_i)]+1$
否则：
　$\dim[\mathcal{N}(\boldsymbol{H}_i)]=0$
结束条件3
结束循环1
否则：
　$\dim[\mathcal{N}(\boldsymbol{H}_i)]=$非零奇异值的个数
结束条件2
　将$\dim[\mathcal{N}(\boldsymbol{H}_i)]$送至算法1
结束条件1
条件4：从算法1获得$\breve{\boldsymbol{H}}$
　　对$\breve{\boldsymbol{H}}$进行SVD（即$\breve{\boldsymbol{H}}=\boldsymbol{U}\boldsymbol{\Sigma}\boldsymbol{V}$）
条件5：$\sigma_j\neq 0$
　　使用预先设定的阈值δ
　　$\sigma_{\mathrm{Null}}=\{\ \}$（用于收集低于阈值$\delta$的$\sigma_{\mathrm{S}}$的空集）
循环2：对于$j=1:\min(N_{\mathrm{R}},M_{\mathrm{T}})$
条件6：$\sigma_j<\delta$
　　将σ_j存入σ_{Null}
结束条件6
结束循环2
　$\breve{\boldsymbol{V}}=\sigma_{\mathrm{null}}$为$\boldsymbol{V}$中对应的列
结束条件5
　设置投影矩阵$\boldsymbol{P}_{\breve{\boldsymbol{V}}}=\breve{\boldsymbol{V}}\breve{\boldsymbol{V}}^{\mathrm{H}}$
　通过$\breve{\boldsymbol{x}}=\boldsymbol{P}_{\breve{\boldsymbol{V}}}\boldsymbol{x}$获取NSP雷达信号
结束条件4

算法1将$\breve{\boldsymbol{H}}$送到算法2进行零空间计算，在SVD之后，在$\breve{\boldsymbol{V}}$中收集与消失奇异对应的右奇异向量以形成投影矩阵。完成后通过改进NSP算法将雷达信号投影到$\boldsymbol{H}_{\mathrm{Best}}$的零空间[5,14]。所提出的NSP算法消除了以前算法的冗余，提高了计算效率。改进的NSP算法如下：

$$\boldsymbol{P}_{\breve{\boldsymbol{V}}}=\breve{\boldsymbol{V}}\breve{\boldsymbol{V}}^{\mathrm{H}}$$

雷达波形在零空间 $\breve{\boldsymbol{H}}$ 上的投影可以表示为

$$\breve{\boldsymbol{x}} = \boldsymbol{P}_{\breve{V}}\boldsymbol{x} \tag{2.14}$$

通过将式(2.14)所示的投影信号插入式(2.11)所示的单目标无干扰情况下的CRB中，可以得到NSP投影雷达波形的CRB：

$$\mathrm{CRB}_{\mathrm{NSP}}(\theta) = \frac{1}{2\mathrm{SNR}}\left(M_{\mathrm{R}}\dot{\boldsymbol{a}}_{\mathrm{T}}^{\mathrm{H}}(\theta)\boldsymbol{R}_{\breve{X}}^{\mathrm{T}}\dot{\boldsymbol{a}}_{\mathrm{T}}(\theta) + \boldsymbol{a}_{\mathrm{T}}^{\mathrm{H}}(\theta)\boldsymbol{R}_{\breve{X}}^{\mathrm{T}}\boldsymbol{a}_{\mathrm{T}}(\theta)\left\|\dot{\boldsymbol{a}}_{\mathrm{R}}(\theta)\right\|^{2} - \frac{M_{\mathrm{R}}\left|\boldsymbol{a}_{\mathrm{T}}^{\mathrm{H}}(\theta)\boldsymbol{R}_{\breve{X}}^{\mathrm{T}}\dot{\boldsymbol{a}}_{\mathrm{T}}(\theta)\right|^{2}}{\boldsymbol{a}_{\mathrm{T}}^{\mathrm{H}}(\theta)\boldsymbol{R}_{\breve{X}}^{\mathrm{T}}\boldsymbol{a}_{\mathrm{T}}(\theta)}\right)^{-1} \tag{2.15}$$

类似地，将式(2.14)代入式(2.12)，可获得雷达在NSP投影波形到达角的最大似然估计：

$$(\hat{\theta},\hat{\tau}_{\mathrm{r}},\hat{\omega}_{\mathrm{D}})_{\mathrm{ML}_{\mathrm{NSP}}} = \underset{\theta,\tau_{\mathrm{r}},\omega_{\mathrm{D}}}{\arg\max}\frac{\left|\boldsymbol{a}_{\mathrm{R}}^{\mathrm{H}}(\theta)\boldsymbol{E}(\tau_{\mathrm{r}},\omega_{\mathrm{D}})\boldsymbol{a}_{\mathrm{T}}^{*}(\theta)\right|^{2}}{M_{\mathrm{R}}\boldsymbol{a}_{\mathrm{T}}^{\mathrm{H}}(\theta)\mathbf{R}_{\breve{X}}^{\mathrm{T}}\boldsymbol{a}_{\mathrm{T}}(\theta)} \tag{2.16}$$

为了分析NSP投影波形的波束方向图，可以将式(2.14)代入式(2.13)，可得

$$G_{\mathrm{NSP}}(\theta,\theta_{\mathrm{D}}) = \Gamma\frac{\left|\boldsymbol{a}_{\mathrm{T}}^{\mathrm{H}}(\theta)\mathbf{R}_{\breve{X}}^{\mathrm{T}}\boldsymbol{a}_{\mathrm{T}}(\theta_{\mathrm{D}})\right|^{2}}{\boldsymbol{a}_{\mathrm{T}}^{\mathrm{H}}(\theta)\mathbf{R}_{\breve{X}}^{\mathrm{T}}\boldsymbol{a}_{\mathrm{T}}(\theta_{\mathrm{D}})}\frac{\left|\boldsymbol{a}_{\mathrm{R}}^{\mathrm{H}}(\theta)\boldsymbol{a}_{\mathrm{R}}(\theta_{\mathrm{D}})\right|^{2}}{M_{\mathrm{R}}} \tag{2.17}$$

图2.2显示，CRB对目标方位估计的均方根误差（Root-Mean-Square-Error，RMSE）是信噪比（Signal-to-Noise Ratio，SNR）的函数，其中的信道 $\boldsymbol{H}_{\mathrm{Best}}$ 和 $\boldsymbol{H}_{\mathrm{Worst}}$ 是通过算法1和算法2得到的。

2.3.4　仿真结果

本节将对MIMO雷达和LTE共享的情形进行仿真，并研究其对雷达性能的影响。式(2.11)和式(2.15)分别针对原始雷达波形和NSP雷达波形的情形，给出了相应的目标到达角的CRB。本节致力于搞清楚NSP对雷达波形的影响。图2.2比较了不同雷达波形的RMSE，同时比较了原始雷达波形与投影到 $\boldsymbol{H}_{\mathrm{Best}}$ 和 $\boldsymbol{H}_{\mathrm{Worst}}$ 上的NSP波形的性能。注意，通过使用算法1和算法2能够最大限度地减少雷达性能的损失，因为 $\boldsymbol{H}_{\mathrm{Best}}$ 上的NSP波形比 $\boldsymbol{H}_{\mathrm{Worst}}$ 上的NSP波形更接近RMSE意义上的原始雷达波形。因此，通过适当选择干扰信道，可以将由波形NSP导致的雷达性能损失最小化。

与CRB类似，适用于原始雷达波形和NSP雷达波形的目标到达角最大似然估计分别由式(2.12)和式(2.16)给出。这里感兴趣的是由于雷达波形的NSP引起

的角度估计误差。图2.3中使用ML估计对不同雷达波形下的到达角进行了估计,并与真实角度进行了比较。使用算法1和算法2,原始波形和NSP波形的ML结果几乎相同。

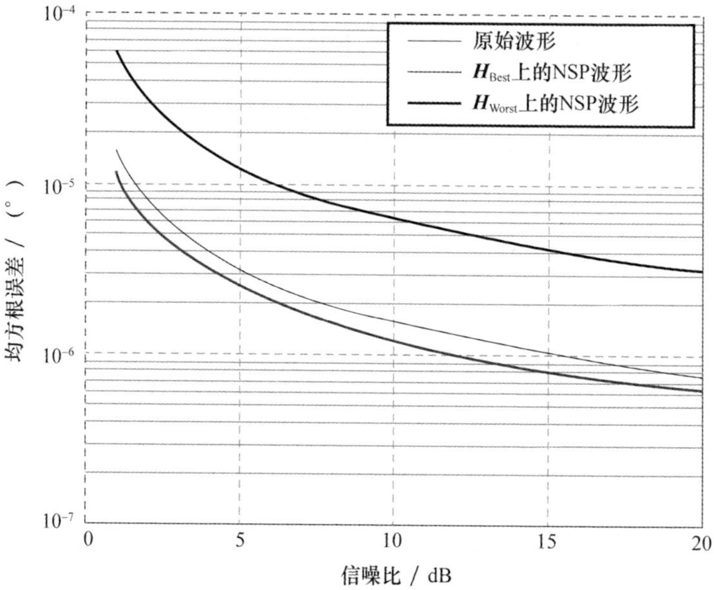

图2.2　目标方位估计的CRB(见彩图)

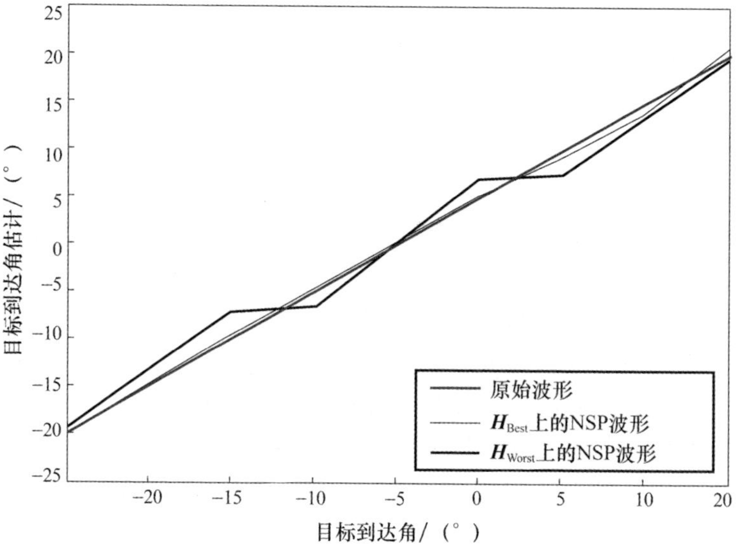

图2.3　目标到达角的ML估计(见彩图)

图2.3中的$\boldsymbol{H}_{\text{Best}}$和$\boldsymbol{H}_{\text{Worst}}$是通过算法1和算法2得到的。

图2.4展示了在算法2中,采用不同阈值计算干扰信道零空间时的雷达波束方向图。这表明,通过选择$\boldsymbol{H}_{\text{Best}}$进行投影可以使雷达性能损失最小。请注意,$\boldsymbol{H}_{\text{Worst}}$上NSP波形的最大似然估计比原始波形和$\boldsymbol{H}_{\text{Best}}$上的NSP波形的最大似然估计要差得多。

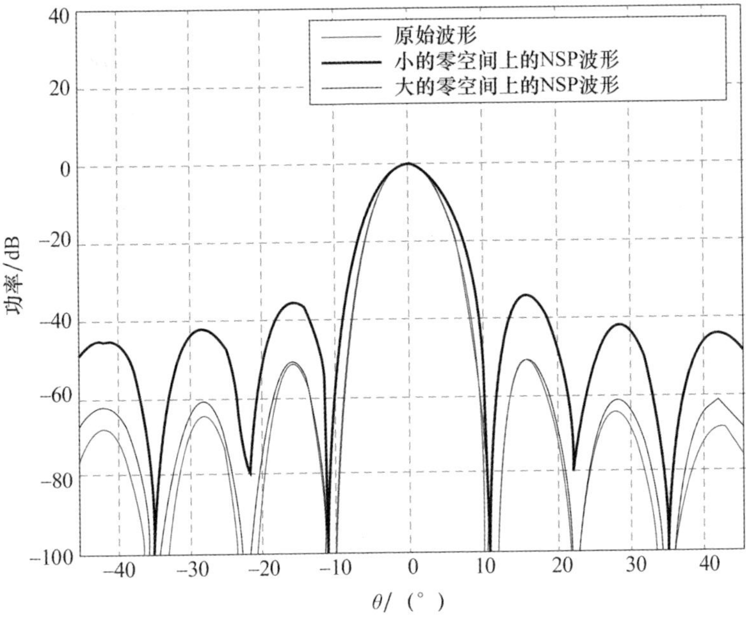

图2.4　MIMO雷达的波束方向图(见彩图)

算法2描述了一种数值计算干扰信道零空间的方法。在存在舍入误差和模糊数据的情况下,这是一种重要的方法。可以选择低于某个阈值的奇异值,并取相应的$\boldsymbol{V}_i^{\text{H}}$列向量来构造NSP方程。因此,阈值的大小可能是投影算法中的一个限制参数,因为阈值越大,零空间越大,NSP雷达波形的性能越好。从图2.4可以很容易地看出这一点,在图中,当选择较大和较小的阈值时,可以将原始雷达波形的波束方向图与NSP波形的波束方向图进行比较,根据2.3.2节中的定义,阈值的较大值对应于最优通道,较小值对应于最差通道。需要注意,通过增加或减少阈值可以控制旁瓣的大小。因此,根据算法1和算法2,为了使得雷达性能最优,需要选择具有最大零空间的干扰信道。

2.4 大型MIMO雷达的频谱共享算法

本节将讨论通过将雷达波形投影到干扰信道零空间进行目标检测的问题，以抑制对蜂窝系统的干扰。这里以MIMO雷达和具有K个基站的MIMO蜂窝通信系统为对象，考虑两种频谱共享方案。在第一种情况下，雷达上可用的DoF不足以同时检测目标和抑制对K个基站的干扰。对于这种情况，可以在保证最小波形退化的基础上，从K个基站中选择一个基站进行波形投影。对于第二种情况，雷达具有足够的自由度来同时检测目标并抑制对所有K个基站的干扰。本节研究了NSP波形的目标检测能力，和正交波形进行了比较，推导了用于目标检测的GLRT，以及用于NSP和正交波形的检测统计量，并对两种波形的目标检测性能进行了理论研究和蒙特卡罗仿真。

考虑两个频谱共享案例，讨论如下。案例1（$M \ll KN^{\text{BS}}$，但$M > N^{\text{BS}}$）：MIMO雷达的天线阵列比K个基站的合成天线阵列相比小（$M \ll KN^{\text{BS}}$），但大于单个基站天线阵列（$M > N^{\text{BS}}$）。在这种情况下，由于可用DoF不足，MIMO雷达不可能同时减小对网络中存在的所有K个基站的干扰。然而，可用的自由度允许对K个基站中的一个基站同时进行目标检测和干扰抑制。基站的选择取决于雷达想要优化的性能指标。

本章性能指标是指在最小范数准则下使得雷达波形的最小退化。这种方法的一个缺点是不能减小对存在于网络中到K-1个基站的干扰，并且雷达必须提高发射功率来达到相同的性能水平，而这可能会增强基站处的干扰。这一缺点在文献[15-16]中通过使用资源分配和载波聚合技术将K-1个基站的频率移动到雷达频段之外来解决。

值得一提的是，当$M \ll KN^{\text{BS}}$时，传统的共址MIMO雷达结构不适合使用NSP方法来减小干扰。这是因为雷达没有足够的自由度，如果这样做会导致雷达的性能下降。然而，MIMO雷达体系结构可以变更为交叠MIMO雷达体系结构。其中，将同址MIMO雷达的发射阵列划分为允许交叠的多个子阵列。交叠MIMO雷达结构增加了自由度，保留了MIMO雷达的优点，同时减少了对通信系统的干扰，而不会牺牲自身的传输特性。

案例2（$M \gg KN^{\text{BS}}$）：与K个基站的合成天线阵相比，MIMO雷达有一个大型天线阵，即$M \gg KN^{\text{BS}}$。在这种情况下，MIMO雷达在可靠地检测目标的同时，可以减小对网络中存在的所有K个基站的干扰。这是因为雷达有足够的自由度来完成目标探测和减小干扰这两项任务。在这种情况下，MIMO雷达与网络中的K个基站共享的组合干扰信道为

$$\boldsymbol{H}=\left[\boldsymbol{H}_1,\boldsymbol{H}_2,\cdots,\boldsymbol{H}_K\right] \tag{2.18}$$

2.4.1　投影矩阵

本节介绍了案例1和案例2的投影矩阵。

案例1的投影（$M \ll KN^{\mathrm{BS}}$但$M > N^{\mathrm{BS}}$）：本节定义了“案例1”的投影算法，该算法将雷达信号投影到干扰信道$\boldsymbol{H}_i$的零空间。假设MIMO雷达具有所有干扰信道$\boldsymbol{H}_i$的信道状态信息，通过反馈，在Mil2Mil或Mil2Com场景中，可以通过SVD以找到零空间，然后构造投影矩阵。首先找到$\boldsymbol{H}_i$的SVD，即

$$\boldsymbol{H}_i=\boldsymbol{U}_i\boldsymbol{\Sigma}_i\boldsymbol{V}_i^{\mathrm{H}} \tag{2.19}$$

定义

$$\tilde{\boldsymbol{\Sigma}}_i \stackrel{\mathrm{def}}{=} \operatorname{diag}(\tilde{\sigma}_{i,1},\tilde{\sigma}_{i,2},\cdots,\tilde{\sigma}_{i,p}) \tag{2.20}$$

式中：$p \stackrel{\mathrm{def}}{=} \min(N^{\mathrm{BS}},M)$，且$\tilde{\sigma}_{i,1} > \tilde{\sigma}_{i,2} > \cdots > \tilde{\sigma}_{i,q} > \tilde{\sigma}_{i,q+1} = \tilde{\sigma}_{i,q+2} = \cdots = \tilde{\sigma}_{i,p} = 0$是$\boldsymbol{H}_i$的奇异值。接下来，定义

$$\tilde{\boldsymbol{\Sigma}}_i' \stackrel{\mathrm{def}}{=} \operatorname{diag}(\tilde{\sigma}_{i,1}',\tilde{\sigma}_{i,2}',\cdots,\tilde{\sigma}_{i,p}') \tag{2.21}$$

式中

$$\tilde{\sigma}_{i,u}' \stackrel{\mathrm{def}}{=} \begin{cases} 0, & u \leqslant q \\ 1, & u > q \end{cases} \tag{2.22}$$

利用以上定义，可以对投影矩阵进行定义

$$\boldsymbol{P}_i \stackrel{\mathrm{def}}{=} \boldsymbol{V}_i\tilde{\boldsymbol{\Sigma}}_i'\boldsymbol{V}_i^{\mathrm{H}} \tag{2.23}$$

为了证明$\boldsymbol{P}_i$是一个有效的投影矩阵，这里证明了下面关于投影矩阵的两个性质。

性质2.1：当且仅当$\boldsymbol{P}_i=\boldsymbol{P}_i^{\mathrm{H}}=\boldsymbol{P}_i^2$时，$\boldsymbol{P}_i \in \mathbb{C}^{M\times M}$是一个射影矩阵。

证明：从证明“仅当”部分开始。首先知道$\boldsymbol{P}_i=\boldsymbol{P}_i^{\mathrm{H}}$，对式(2.23)进行厄米特变换：

$$\boldsymbol{P}_i^{\mathrm{H}}=(\boldsymbol{V}_i\tilde{\boldsymbol{\Sigma}}_i'\boldsymbol{V}_i^{\mathrm{H}})^{\mathrm{H}}=\boldsymbol{P}_i \tag{2.24}$$

对式(2.23)做平方，得到

$$\boldsymbol{P}_i^2=\boldsymbol{V}_i\tilde{\boldsymbol{\Sigma}}_i\boldsymbol{V}_i^{\mathrm{H}}\times\boldsymbol{V}_i\tilde{\boldsymbol{\Sigma}}_i\boldsymbol{V}_i^{\mathrm{H}}=\boldsymbol{P}_i \tag{2.25}$$

式(2.25)满足$\boldsymbol{V}_i^{\mathrm{H}}\boldsymbol{V}_i=\boldsymbol{1}$（因为它们是正交矩阵）和$(\tilde{\boldsymbol{\Sigma}}_i')^2=\tilde{\boldsymbol{\Sigma}}_i'$（通过矩阵构造）。在式(2.24)和式(2.25)中，$\boldsymbol{P}_i=\boldsymbol{P}_i^{\mathrm{H}}=\boldsymbol{P}_i^2$。如果$\boldsymbol{v}\in\operatorname{range}(\boldsymbol{P}_i)$，则$\boldsymbol{P}_i\boldsymbol{v}=\boldsymbol{v}$，由此可以证明$\boldsymbol{P}_i$是一个投影，也就是说，对于某些$\boldsymbol{w}$，有$\boldsymbol{v}=\boldsymbol{P}_i\boldsymbol{w}$，有

$$\boldsymbol{P}_i\boldsymbol{v}=\boldsymbol{P}_i(\boldsymbol{P}_i\boldsymbol{w})=\boldsymbol{P}_i^2\boldsymbol{w}=\boldsymbol{P}_i\boldsymbol{w}=\boldsymbol{v} \tag{2.26}$$

更进一步，$\boldsymbol{P}_i\boldsymbol{v}-\boldsymbol{v}\in\operatorname{null}(\boldsymbol{P}_i)$，即

$$\boldsymbol{P}_i(\boldsymbol{P}_i\boldsymbol{v}-\boldsymbol{v})=\boldsymbol{P}_i^2\boldsymbol{v}-\boldsymbol{P}_i\boldsymbol{v}=\boldsymbol{P}_i\boldsymbol{v}-\boldsymbol{P}_i\boldsymbol{v}=\boldsymbol{0} \tag{2.27}$$

性质2.2：$\boldsymbol{P}_i \in \mathbb{C}^{M\times N}$是$\boldsymbol{H}_i \in \mathbb{C}^{N^{BS}\times M}$的零空间的一个正交投影矩阵。

证明：因为$\boldsymbol{P}_i = \boldsymbol{P}_i^{H}$，可以得到

$$\boldsymbol{H}_i \boldsymbol{P}_i^{H} = \boldsymbol{U}_i \tilde{\boldsymbol{\Sigma}}_i \boldsymbol{V}_i^{H} \times \boldsymbol{V}_i \tilde{\boldsymbol{\Sigma}}_i' \boldsymbol{V}_i^{H} = \boldsymbol{0} \tag{2.28}$$

上述结果是根据$\tilde{\boldsymbol{\Sigma}}_i \tilde{\boldsymbol{\Sigma}}_i' = \boldsymbol{0}$得到的。

"案例1"处理的是K个干扰信道，因此需要选择在最小范数下使得雷达波形退化最小的干扰信道，即

$$i_{\min} \stackrel{\text{def}}{=} \underset{1\leqslant i\leqslant K}{\arg\min} \left\| \boldsymbol{P}_i \boldsymbol{x}(t) - \boldsymbol{x}(t) \right\|_2 \tag{2.29}$$

$$\breve{\boldsymbol{P}} \stackrel{\text{def}}{=} \boldsymbol{P}_{i_{\min}} \tag{2.30}$$

一旦选择了投影矩阵，就可以直接通过下式将雷达信号投影到干扰信道的零空间：

$$\breve{\boldsymbol{x}}(t) = \breve{\boldsymbol{P}}\, \boldsymbol{x}(t) \tag{2.31}$$

零空间投影信号的自相关矩阵为

$$\boldsymbol{R}_{\breve{X}} = \int_{T_0} \breve{\boldsymbol{x}}(t)\, \breve{\boldsymbol{x}}^{H}(t)\mathrm{d}t \tag{2.32}$$

其不再是恒等式，因为投影不保持正交性，其秩取决于投影矩阵的秩。

案例2的投影（$M \gg KN^{BS}$）：本节定义了"案例2"的投影算法，该算法将雷达信号投影到组合干扰信道$\boldsymbol{H}$的零空间。$\boldsymbol{H}$的SVD为

$$\boldsymbol{H} = \boldsymbol{U}\boldsymbol{\Sigma}\boldsymbol{V}^{H} \tag{2.33}$$

定义

$$\tilde{\boldsymbol{\Sigma}} \stackrel{\text{def}}{=} \operatorname{diag}(\tilde{\sigma}_1, \tilde{\sigma}_2, \cdots, \tilde{\sigma}_p) \tag{2.34}$$

式中：$p \stackrel{\text{def}}{=} \min(N^{BS}, M)$，且$\tilde{\sigma}_1 > \tilde{\sigma}_2 > \cdots > \tilde{\sigma}_q > \tilde{\sigma}_{q+1} = \tilde{\sigma}_{q+2} = \cdots = \tilde{\sigma}_p = 0$是矩阵$\boldsymbol{H}$的奇异值。接下来定义

$$\tilde{\boldsymbol{\Sigma}}_i' \stackrel{\text{def}}{=} \operatorname{diag}(\tilde{\sigma}_1', \tilde{\sigma}_2', \cdots, \tilde{\sigma}_M') \tag{2.35}$$

式中

$$\tilde{\sigma}_u', = \begin{cases} 0, & u \leqslant q \\ 1, & u > q \end{cases} \tag{2.36}$$

利用上述定义，现在可以定义投影矩阵：

$$\boldsymbol{P} \stackrel{\text{def}}{=} \boldsymbol{V}\widetilde{\boldsymbol{\Sigma}'}\boldsymbol{V}^{H} \tag{2.37}$$

根据性质2.1和性质2.2，可以认为$\boldsymbol{P}$是一个有效的投影矩阵。

2.4.2 频谱共享和投影算法

本节将解释"案例1"和"案例2"中的频谱共享和投影算法。

案例1的算法（$M \ll KN^{BS}$但$M > N^{BS}$）：对于这种情况，采用算法3和算法4，通过形成投影矩阵和选择干扰信道来完成频谱共享。首先，在每个脉冲重复间隔（Pulse Repetition Interval，PRI），雷达获得所有K个干扰信道的ICSI；然后，将此信息送至算法4，用于计算零空间并构建投影矩阵；接着，算法3处理从算法4接收到的K个投影矩阵，找到在最小范数下使雷达波形退化最小的投影矩阵；完成该步骤后，将雷达波形投影到所选基站（所选投影矩阵对应的基站）的零空间，并进行波形传输。

算法3　案例1的频谱共享算法

循环：
循环1：对于$i = 1:K$
　　通过第i个基站的反馈获得$\boldsymbol{H}_i$的CSI
　　将$\boldsymbol{H}_i$发送给算法4，构建投影矩阵$\boldsymbol{P}_i$
　　从算法4接收第i个投影矩阵$\boldsymbol{P}_i$
结束循环1
　寻找$i_{\min} = \underset{1 \leqslant i \leqslant K}{\arg\min} \left\| \boldsymbol{P}_i \boldsymbol{x}(t) - \boldsymbol{x}(t) \right\|_2$
　设$\breve{\boldsymbol{P}} = \boldsymbol{P}_{i_{\min}}$为所需的投影矩阵
　进行零空间投影，即$\breve{\boldsymbol{x}}(t) = \breve{\boldsymbol{P}} \boldsymbol{x}(t)$
结束循环

算法4　案例1的投影算法

条件：从算法3获得$\boldsymbol{H}_i$
　对$\boldsymbol{H}_i$执行SVD（即$\boldsymbol{H}_i = \boldsymbol{U}_i \boldsymbol{\Sigma}_i \boldsymbol{V}_i^{\mathrm{H}}$）
　构造$\boldsymbol{\Sigma}_i = \mathrm{diag}(\tilde{\sigma}_{i,1}, \tilde{\sigma}_{i,2}, \cdots, \tilde{\sigma}_{i,p})$
　构造$\boldsymbol{\Sigma}_i' = \mathrm{diag}(\tilde{\sigma}_{i,1}', \tilde{\sigma}_{i,2}', \cdots, \tilde{\sigma}_{i,M}')$
　构建投影矩阵$\boldsymbol{P}_i = \boldsymbol{V}_i \tilde{\boldsymbol{\Sigma}}_i' \boldsymbol{V}_i^{\mathrm{H}}$
　将$\boldsymbol{P}_i$送给算法3
结束条件

案例2的算法（$M \gg KN^{BS}$）：对于此类情况，采用算法5和算法6完成频谱共享。首先，在每个PRI，雷达获得所有K个干扰信道的ICSI；然后，将此信息送至算法6，用于计算$\boldsymbol{H}$的零空间并构建投影矩阵$\boldsymbol{P}$；最后，通过算法5将雷达波形投影到$\boldsymbol{H}$的零空间。

算法5 案例2的频谱共享算法

循环:

通过K个基站的反馈得到$\boldsymbol{H}$的CSI

将$\boldsymbol{H}$发送到算法6形成投影矩阵$\boldsymbol{P}$

从算法6接收投影矩阵$\boldsymbol{P}$

进行零空间投影,即$\breve{\boldsymbol{x}}(t)=\boldsymbol{P}\boldsymbol{x}(t)$

结束循环

算法6 案例2的投影算法

条件:从算法5得到$\boldsymbol{H}$

在$\boldsymbol{H}$上执行SVD(即$\boldsymbol{H}=\boldsymbol{U}\boldsymbol{\Sigma}\boldsymbol{V}^{\mathrm{H}}$)

构建$\tilde{\boldsymbol{\Sigma}}=\mathrm{diag}(\tilde{\sigma}_1,\tilde{\sigma}_2,\cdots,\tilde{\sigma}_p)$

构建$\boldsymbol{\Sigma}_i'=\mathrm{diag}(\tilde{\sigma}_1',\tilde{\sigma}_2',\cdots,\tilde{\sigma}_M')$

设置投影矩阵$\boldsymbol{P}=\boldsymbol{V}\tilde{\boldsymbol{\Sigma}}'\boldsymbol{V}^{\mathrm{H}}$

将$\boldsymbol{P}$送给算法5

结束条件

2.4.3 目标探测的统计判别检验

本节针对正交雷达波形和NSP投影雷达波形照射的目标,设计了一个统计判决检验。目的是通过对目标是否存在于感兴趣的距离多普勒单元中进行判别检验,来比较两种波形的性能。

对于目标检测和估计,通过构造一个假设检验对这两个假设进行选择:假设$\mathcal{H}_0$代表目标不存在时的情形,假设$\mathcal{H}_1$代表目标存在时的情形。式(2.5)中单个目标模型的假设可以写成

$$\boldsymbol{y}(t)=\begin{cases}\mathcal{H}_1:\alpha\boldsymbol{A}(\theta)\boldsymbol{x}(t)+\boldsymbol{n}(t), \\ \mathcal{H}_0:\boldsymbol{n}(t),\end{cases}\quad 0\leqslant t\leqslant T_0 \tag{2.38}$$

虽然θ和α未知,但具有确定性,因此可以使用GLRT。使用GLRT的优点是可以用它们的ML估计替换未知参数。当使用正交信号时,在文献[4,17]中,对α和θ的ML估计适用于各种信号模型、目标和干扰信号。本章考虑一个简单的模型和无干扰情况下的单个目标,以便研究简易情况下NSP对目标检测的影响。因此,这里给出了ML估计和GLRT的一个简单推导。

式(2.5)中接收信号模型为

$$\boldsymbol{y}(t)=\boldsymbol{Q}(t,\theta)\alpha+\boldsymbol{n}(t) \tag{2.39}$$

其中

$$\boldsymbol{Q}(t,\theta)=\boldsymbol{A}(\theta)\boldsymbol{x}(t) \tag{2.40}$$

下面使用Karhunen-Loève展开来推导θ和α的对数似然估计。设$\boldsymbol{\Omega}$表示$\{\boldsymbol{y}(t)\}$、$\{\boldsymbol{Q}(t,\theta)\}$和$\{\boldsymbol{n}(t)\}$中元素组成的空间。此外，令$\psi_z$为$\boldsymbol{\Omega}$的正交基函数，$z=1,2,\cdots$，满足

$$< \psi_z(t),\psi_{z'}(t) >= \int_{T_0} \psi_z(t),\psi_{z'}^*(t) = \delta_{zz'} \tag{2.41}$$

式中：$\delta_{zz'}$为Krönecker函数。然后，可以使用以下序列来展开$\{\boldsymbol{y}(t)\}$、$\{\boldsymbol{Q}(t,\theta)\}$和$\{\boldsymbol{n}(t)\}$，即

$$\boldsymbol{y}(t) = \sum_{z=1}^{\infty} \boldsymbol{y}_z \psi_z(t) \tag{2.42}$$

$$\boldsymbol{Q}(t,\theta) = \sum_{z=1}^{\infty} \boldsymbol{Q}_z(\theta) \psi_z(t) \tag{2.43}$$

$$\boldsymbol{n}(t) = \sum_{z=1}^{\infty} \boldsymbol{n}_z \psi_z(t) \tag{2.44}$$

式中：$\boldsymbol{y}_z$、$\boldsymbol{Q}_z$和$\boldsymbol{n}_z$为所考虑的Karhunen-Loève展开式中的系数，该系数通过对基函数$\psi_z(t)$做相应内积运算获得。因此，可获得式(2.39)的等效离散模型，即

$$\boldsymbol{y}_z = \boldsymbol{Q}_z(\theta)\alpha + \boldsymbol{n}_z, \quad z = 1,2,\cdots \tag{2.45}$$

对于循环复高斯白噪声过程，即$E\left[\boldsymbol{n}(t)\boldsymbol{n}(t-\tau(t))\right] = \sigma_n^2 \boldsymbol{1}_M \delta\left(\tau(t)\right)$，$\{n_z\}$序列是独立同分布(independently identical distribution, i.i.d)，且服从$\boldsymbol{n}_z \sim \mathcal{N}^c(\boldsymbol{0}_M, \sigma_n^2 \boldsymbol{1}_M)$，因此可以得到对数似然函数的表示为

$$L_y(\theta,\alpha) = \sum_{z=1}^{\infty} \left(-M\log(\pi\sigma_n^2) - \frac{1}{\sigma_n^2}\left\| \boldsymbol{y}_z - \boldsymbol{Q}_z(\theta)\alpha \right\|^2\right) \tag{2.46}$$

通过相应的α使式(2.46)最大，得到

$$L_y(\theta,\hat{\alpha}) = \Gamma - \frac{1}{\sigma_n^2}\left(E_{yy} - \boldsymbol{e}_{Qy}^{\mathrm{H}} \boldsymbol{E}_{QQ}^{-1} \boldsymbol{e}_{Qy}\right) \tag{2.47}$$

式中

$$\Gamma \overset{\text{def}}{=} -M\log(\pi\sigma_n^2) \tag{2.48}$$

$$E_{yy} \overset{\text{def}}{=} \sum_{z=1}^{\infty} \left\| \boldsymbol{y}_z \right\|^2 \tag{2.49}$$

$$\boldsymbol{e}_{Qy} \overset{\text{def}}{=} \sum_{z=1}^{\infty} \boldsymbol{Q}_z^{\mathrm{H}} \boldsymbol{y}_z \tag{2.50}$$

$$\boldsymbol{E}_{QQ}^{-1} \overset{\text{def}}{=} \sum_{z=1}^{\infty} \boldsymbol{Q}_z^{\mathrm{H}} \boldsymbol{Q}_z \tag{2.51}$$

注意，在式(2.47)中，除了常数Γ之外，剩余的总和为无穷大。然而，由于高阶项的分布对θ和α估计没有贡献，求和结果是有限的。使用这一特性：

$$\int_{T_0} \boldsymbol{v}_1(t)\boldsymbol{v}_2^{\mathrm{H}}(t)\mathrm{d}t = \sum_{z=1}^{\infty} \boldsymbol{v}_{1z}\boldsymbol{v}_{2z}^{\mathrm{H}} \tag{2.52}$$

因为$\boldsymbol{v}_i(t) = \sum_{z=1}^{\infty} \boldsymbol{v}_{1z}\psi_z(t), i = 1,2$,式(2.49)~式(2.51)可以写成

$$E_{\boldsymbol{yy}} \stackrel{\text{def}}{=} \int_{T_0} \|\boldsymbol{y}(t)\|^2 \mathrm{d}t \tag{2.53}$$

$$\boldsymbol{e}_{Q\boldsymbol{y}} \stackrel{\text{def}}{=} \int_{T_0} \boldsymbol{Q}^{\mathrm{H}}(t,\theta)\boldsymbol{y}(t)\mathrm{d}t \tag{2.54}$$

$$\boldsymbol{E}_{QQ} \stackrel{\text{def}}{=} \int_{T_0} \boldsymbol{Q}^{\mathrm{H}}(t,\theta)\boldsymbol{Q}(t,\theta)\mathrm{d}t \tag{2.55}$$

利用式(2.40)中对于$\boldsymbol{Q}(t,\theta)$的定义,可以得到$\boldsymbol{e}_{Q\boldsymbol{y}}$的第$f$个元素:

$$[\boldsymbol{e}_{Q\boldsymbol{y}}]_f = \boldsymbol{a}^{\mathrm{H}}(\theta_f)\boldsymbol{E}^{\mathrm{T}}\boldsymbol{a}(\theta_f) \tag{2.56}$$

式中

$$\boldsymbol{E} = \int_{T_0} \boldsymbol{y}(t)\boldsymbol{x}^{\mathrm{H}}(t)\mathrm{d}t \tag{2.57}$$

类似地,可以得到$\boldsymbol{E}_{QQ}$的第fg个元素:

$$[\boldsymbol{E}_{QQ}]_{fg} = \boldsymbol{a}^{\mathrm{H}}(\theta_f)\boldsymbol{a}(\theta_g)\boldsymbol{a}^{\mathrm{H}}(\theta_f)\boldsymbol{R}_{\boldsymbol{x}}^{\mathrm{T}}\boldsymbol{a}(\theta_g) \tag{2.58}$$

因为$\boldsymbol{e}_{Q\boldsymbol{y}}$和$\boldsymbol{E}_{QQ}$与接收信号无关,因此计算$\alpha$和$\theta$的充分统计量由$\boldsymbol{E}$给出。利用式(2.56)~式(2.58)可以将ML估计值写成矩阵向量形式,即

$$L_{\boldsymbol{y}}(\hat{\theta}_{\mathrm{ML}}) = \arg\max_{\theta} \frac{\left|\boldsymbol{a}^{\mathrm{H}}(\hat{\theta}_{\mathrm{ML}})\boldsymbol{E}\boldsymbol{a}^*(\hat{\theta}_{\mathrm{ML}})\right|^2}{M\boldsymbol{a}^{\mathrm{H}}(\hat{\theta}_{\mathrm{ML}})\boldsymbol{R}_{\boldsymbol{x}}^{\mathrm{T}}\boldsymbol{a}(\hat{\theta}_{\mathrm{ML}})} \tag{2.59}$$

然后,式(2.38)中假设检验模型的广义似然比检验(GLRT)为

$$L_{\boldsymbol{y}} = \max_{\theta,\alpha} \{\log f_{\boldsymbol{y}}(\boldsymbol{y},\theta,\alpha;\mathcal{H}_1)\} - \log f_{\boldsymbol{y}}(\boldsymbol{y};\mathcal{H}_0) \underset{\mathcal{H}_0}{\overset{\mathcal{H}_1}{\gtrless}} \delta \tag{2.60}$$

式中:$f_{\boldsymbol{y}}(\boldsymbol{y},\theta,\alpha;\mathcal{H}_1)$和$f_{\boldsymbol{y}}(\boldsymbol{y};\mathcal{H}_0)$分别为假设$\mathcal{H}_1$和$\mathcal{H}_0$下接收信号的概率密度函数。因此,GLRT可以表示为

$$L_{\boldsymbol{y}}(\hat{\theta}_{\mathrm{ML}}) = \arg\max_{\theta} \frac{\left|\boldsymbol{a}^{\mathrm{H}}(\hat{\theta}_{\mathrm{ML}})\boldsymbol{E}\boldsymbol{a}^*(\hat{\theta}_{\mathrm{ML}})\right|^2}{M\boldsymbol{a}^{\mathrm{H}}(\hat{\theta}_{\mathrm{ML}})\boldsymbol{R}_{\boldsymbol{x}}^{\mathrm{T}}\boldsymbol{a}(\hat{\theta}_{\mathrm{ML}})} \underset{\mathcal{H}_0}{\overset{\mathcal{H}_1}{\gtrless}} \delta \tag{2.61}$$

两种假设的渐近统计量$L(\hat{\theta}_{\mathrm{ML}})$由文献[18]给出假设:

$$\mathcal{H}_1:\chi_2^2(\rho), \mathcal{H}_0:\chi_2^2 \tag{2.62}$$

其中

(1)$\chi_2^2(\rho)$是两自由度的非中心卡方分布;

(2)χ_2^2是两自由度的卡方分布;

(3)ρ是非中心参数,由下式给出:

$$\rho = \frac{|\alpha|^2}{\sigma_n^2}|\boldsymbol{a}^{\mathrm{H}}(\theta)\boldsymbol{R}_{\boldsymbol{x}}^{\mathrm{T}}\boldsymbol{a}(\theta)|^2 \tag{2.63}$$

对于一般信号模型，根据期望的虚警概率 P_{FA} 设置 δ，即

$$P_{\mathrm{FA}} = P\left(L(\boldsymbol{y}) > \delta|\mathcal{H}_0\right) \tag{2.64}$$

$$\delta = \mathcal{F}_{\chi^2}^{-1}(1 - P_{\mathrm{FA}}) \tag{2.65}$$

式中：$\mathcal{F}_{\chi^2}^{-1}$ 为具有两个自由度的逆中心卡方分布函数。检测概率即为

$$P_{\mathrm{D}} = P\left(L(\boldsymbol{y}) > \delta|\mathcal{H}_1\right) \tag{2.66}$$

$$P_{\mathrm{D}} = 1 - \mathcal{F}_{\chi^2}\left(\mathcal{F}_{\chi^2}^{-1}(1 - P_{\mathrm{FA}})\right) \tag{2.67}$$

式中：$\mathcal{F}_{\chi_2^2(\rho)}$ 为具有两个自由度和非中心参数 ρ 的非中心卡方分布函数。

2.4.3.1　正交波形的 P_{D}

由于正交波形 $\boldsymbol{R}_{\boldsymbol{x}}^{\mathrm{T}} = \boldsymbol{1}_M$，因此GLRT可以表示为

$$L_{\mathrm{Orthog}}(\hat{\theta}_{\mathrm{ML}}) = \frac{\left|\boldsymbol{a}^{\mathrm{H}}(\hat{\theta}_{\mathrm{ML}})\boldsymbol{E}\boldsymbol{a}^*(\hat{\theta}_{\mathrm{ML}})\right|^2}{M\boldsymbol{a}^{\mathrm{H}}(\hat{\theta}_{\mathrm{ML}})\boldsymbol{R}_{\boldsymbol{x}}^{\mathrm{T}}\boldsymbol{a}(\hat{\theta}_{\mathrm{ML}})} \underset{\mathcal{H}_0}{\overset{\mathcal{H}_1}{\gtrless}} \delta_{\mathrm{Orthog}} \tag{2.68}$$

并且本案例中的统计量 $L_{\mathrm{Orthog}}(\hat{\theta}_{\mathrm{ML}})$ 可做出如下假设：

$$\mathcal{H}_1{:}\chi_2^2\left(\rho_{\mathrm{Orthog}}\right), \mathcal{H}_0{:}\chi_2^2 \tag{2.69}$$

式中

$$\rho_{\mathrm{Orthog}} = \frac{M^2|\alpha|^2}{\sigma_n^2} \tag{2.70}$$

可以根据所需的虚警概率 $P_{\mathrm{PF-Orthog}}$ 设置 δ_{Orthog}：

$$\delta_{\mathrm{Orthog}} = \mathcal{F}_{\chi_2^2}^{-1}(1 - P_{\mathrm{PF-Orthog}}) \tag{2.71}$$

然后，正交波形的检测概率即为

$$P_{\mathrm{D-Orthog}} = 1 - \mathcal{F}_{\chi_2^2(\rho_{\mathrm{Orthog}})}\left(\mathcal{F}_{\chi_2^2}^{-1} - (1 - P_{\mathrm{PF-Orthog}})\right) \tag{2.72}$$

2.4.3.2　NSP波形的 P_{D}

因此，对于频谱共享波形 $\boldsymbol{R}_{\boldsymbol{x}}^{\mathrm{T}} = \boldsymbol{R}_{\tilde{\boldsymbol{x}}}^{\mathrm{T}}$，GLRT可表示为

$$L_{\mathrm{NSP}}(\hat{\theta}_{\mathrm{ML}}) = \frac{\left|\boldsymbol{a}^{\mathrm{H}}(\hat{\theta}_{\mathrm{ML}})\boldsymbol{E}\boldsymbol{a}^*(\hat{\theta}_{\mathrm{ML}})\right|^2}{M\boldsymbol{a}^{\mathrm{H}}(\hat{\theta}_{\mathrm{ML}})\boldsymbol{R}_{\tilde{\boldsymbol{x}}}^{\mathrm{T}}\boldsymbol{a}(\hat{\theta}_{\mathrm{ML}})} \underset{\mathcal{H}_0}{\overset{\mathcal{H}_1}{\gtrless}} \delta_{\mathrm{NSP}} \tag{2.73}$$

此时的统计量 $L(\hat{\theta}_{\mathrm{ML}})$ 可做出如下假设：

$$\mathcal{H}_1{:}\chi_2^2\left(\rho_{\mathrm{NSP}}\right), \mathcal{H}_0{:}\chi_2^2 \tag{2.74}$$

式中

$$\rho_{\mathrm{NSP}} = \frac{|\alpha|^2}{\sigma_n^2}\left| \boldsymbol{a}^{\mathrm{H}}(\theta)\boldsymbol{R}_{\tilde{x}}^{\mathrm{T}}\boldsymbol{a}(\theta)\right|^2 \tag{2.75}$$

可以根据所需的虚警概率$P_{\mathrm{PF-NSP}}$设置δ_{NSP}:

$$\delta_{\mathrm{NSP}} = \mathcal{F}_{\chi_2^2}^{-1}(1 - P_{\mathrm{PF-NSP}}) \tag{2.76}$$

正交波形的检测概率为

$$P_{\mathrm{D-NSP}} = 1 - \mathcal{F}_{\chi_2^2(\rho_{\mathrm{NSP}})}\left(\mathcal{F}_{\chi_2^2}^{-1}(1 - P_{\mathrm{PF-NSP}})\right) \tag{2.77}$$

2.4.4 数值结果

为了研究频谱共享MIMO雷达的检测性能,本节使用文献[19]中提到的雷达参数进行蒙特卡罗仿真。

2.4.4.1 案例1的分析

对于这种情况,在每次蒙特卡罗仿真中,生成K个瑞利分布的干扰信道,每个信道的尺寸为$N^{\mathrm{BS}} \times M$,计算其零空间并使用算法4构造相应的投影矩阵,使用算法3确定雷达信号投影的最优信道,发送NSP信号,从接收信号中估计参数θ和α,并计算正交和NSP波形的检测概率。

算法3和算法4的性能:图2.5演示了当雷达的探测空间中存在多个基站,并且雷达在没有相关通信系统干扰的情况下能够可靠地检测目标时,使用算法3和算法4提高目标检测性能。为了举例,这里考虑了一个具有五个基站的场景,并且雷达选择一个投影信道,该信道使雷达波形性能恶化最小,从而使其检测目标的概率最大化。

在图2.5(a)中,考虑$\dim\mathcal{N}(\boldsymbol{H}_i) = 2$的情况。图2.5(a)分别展示了五种不同的NSP信号的检测结果,即雷达波形投影到五个不同的基站上。注意,为了达到90%的检测概率,相比于正交波形,SNR须提高6~13dB,具体值取决于选择的信道。使用算法3和算法4,可以选择干扰信道,使雷达波形性能恶化最小,从而增强目标检测性能并满足最小信噪比增量要求。例如,算法3和算法4将选择5号基站,因为在这种情况下,与其他基站相比,NSP波形可以用最小的SNR增量实现90%的检测概率。

在图2.5(b)中,考虑$\dim\mathcal{N}(\boldsymbol{H}_i) = 6$的情况。与图2.5(a)的类似,图2.6(b)显示五种不同NSP信号的检测结果,但与前一种情况相比,现在MIMO雷达具有更大的天线阵列。在这种情况下,为了实现90%的检测概率,与正交波形相比,这里需要3~5dB的SNR增量。与前一种情况一样,使用算法3和算法4,可以选择干扰信道,使雷达波形的性能恶化最小,并使目标检测性能得到提高,同时所需的SNR增量最小。例如,算法3和算法4将选择2号基站,因为在这种情况下,与其他基站相比，NSP波形实现90%的检测概率时需要的SNR增量最小。

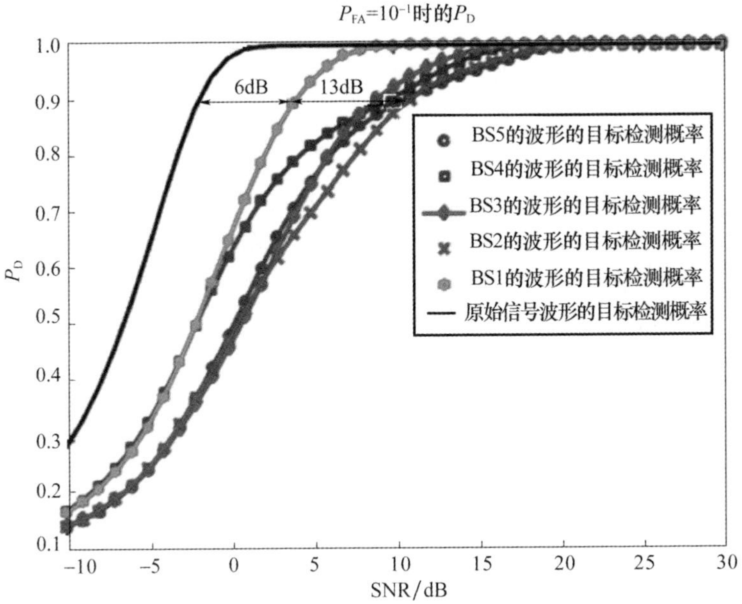

(a) $\dim\mathcal{N}(H_i)$ =2时的检测概率

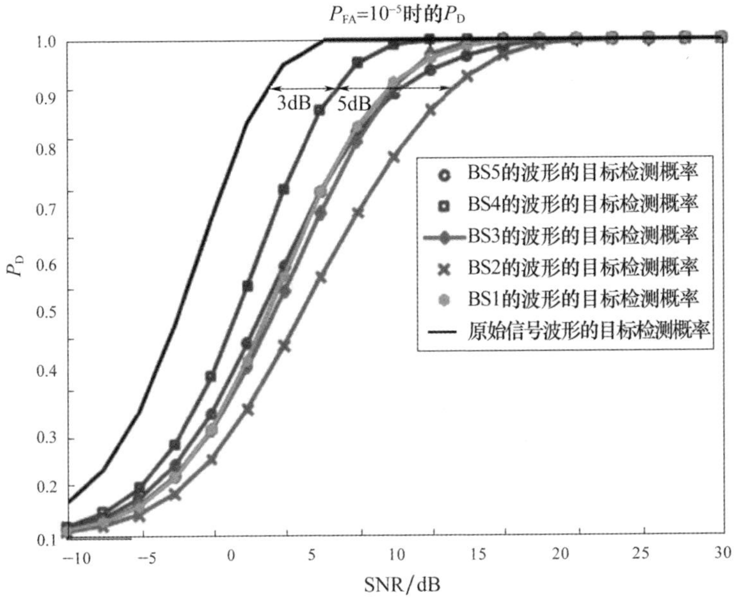

(b) $\dim\mathcal{N}(H_i)$ =6时的检测概率

图2.5　案例1中算法3和算法4的性能

上述两个示例说明了算法3和算法4在选择雷达信号投影干扰信道以达到最大化检测概率和最小化雷达波形NSP(用于频谱共享)所需的SNR增量方面的重要性。

案例1(a):$\dim\mathcal{N}(\boldsymbol{H}_i)=2$。图2.6绘制了检测概率$P_{\mathrm{D}}$的变化,$P_{\mathrm{D}}$作为不同虚警概率$P_{\mathrm{FA}}$下关于SNR的函数,每个子图代表固定$P_{\mathrm{FA}}$的$P_{\mathrm{D}}$变化。在干扰信道$\boldsymbol{H}_i$的维度为$2\times4$的情况下(即雷达有$M=4$个天线,通信系统有$N^{\mathrm{BS}}=2$个天线,零空间尺寸为$\dim\mathcal{N}(\boldsymbol{H}_i)=2$)来评估$P_{\mathrm{FA}}=10^{-1}$、$10^{-3}$、$10^{-5}$、$10^{-7}$时的检测概率$P_{\mathrm{D}}$。在比较两种波形的检测性能时,注意到为了在固定的$P_{\mathrm{FA}}$下获得期望的$P_{\mathrm{D}}$,NSP需要比正交波形更高的SNR。例如,假设希望$P_{\mathrm{D}}=0.9$,那么根据图2.6,需要NSP波形的SNR增量为6dB才能获得与正交波形相同的效果。

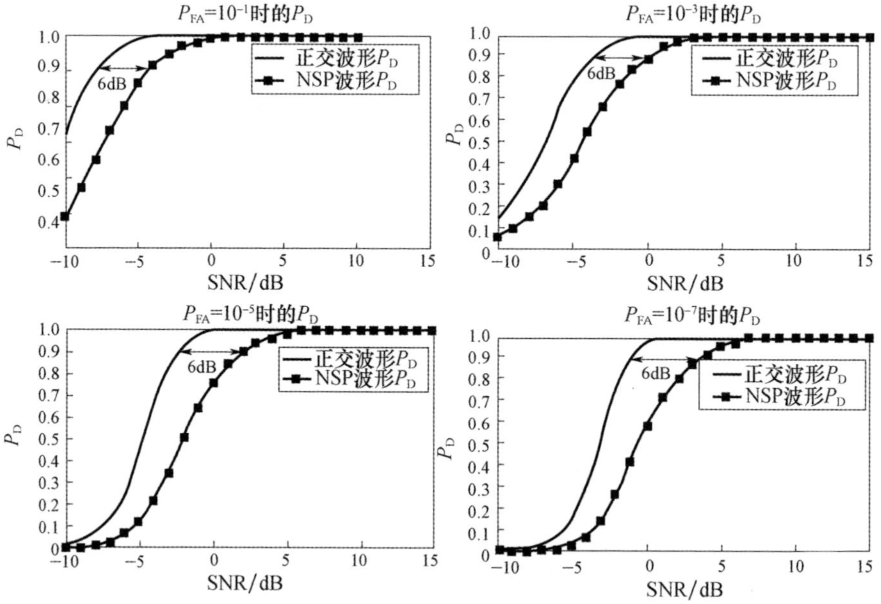

图2.6 案例1(a)中不同虚警概率下的检测概率与SNR的关系

案例1(b):$\dim\mathcal{N}(\boldsymbol{H}_i)=6$。与图2.6类似,图2.7对相同的$P_{\mathrm{FA}}$值下的$P_{\mathrm{D}}$进行分析,对于维度为2×8的干扰信道$\boldsymbol{H}_i$(即现在雷达有$M=8$个天线,通信系统具有$N^{\mathrm{BS}}=2$个天线,零空间的维度为$\dim\mathcal{N}(\boldsymbol{H}_i)=6$)。与案例1类似,当比较两种波形的检测性能时,注意到为了获得在固定P_{FA}下所期望的P_{D}值,NSP需要比正交波形更高的信噪比。例如,假设希望$P_{\mathrm{D}}=0.9$,那么根据图2.7,需要NSP波形的SNR增加3.5~4.5dB,才能获得与正交波形相同的结果。

案例1(a)和案例1(b)的对比:正如预期的那样,当信噪比增加时,两种波形的检测性能都会增加。然而，在固定的信噪比下比较这两种波形时，正交波形在检测目标方面的性能要比NSP波形好得多。这是因为发射波形不再正交时，将失去2.1.6节所述的在MIMO雷达中使用正交波形所可以获得的优势。但算法能够确保对特定基站的零干扰，因此，共享雷达频谱将增加目标检测的SNR成本。

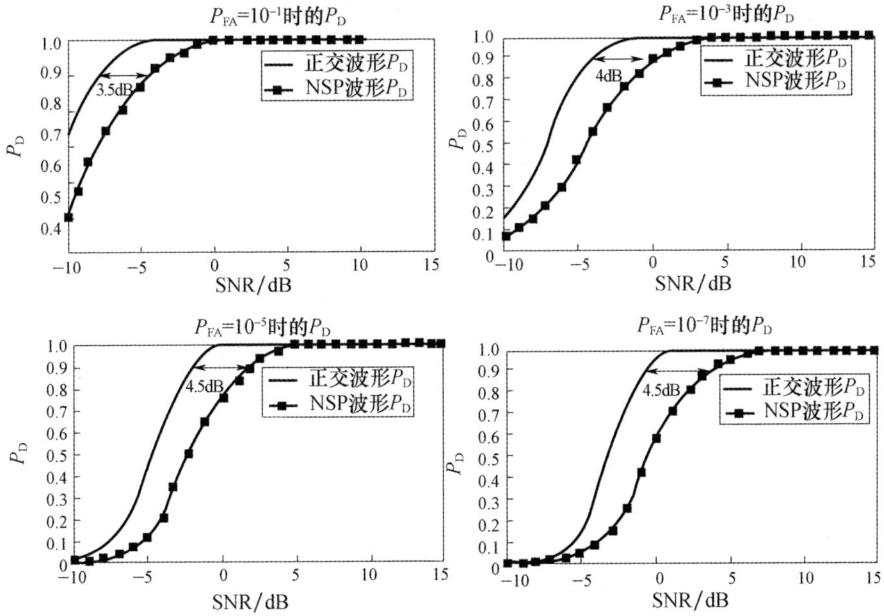

图2.7　案例1(b)中不同虚警概率下的检测概率与SNR的关系

在案例1(a)中，为了获得在固定P_{FA}下所期望的P_D值，在NSP时需要的信噪比要比案例1(b)中的高。这是因为这里使用了更多的雷达天线（即使对于NSP波形，这也会产生更好的检测性能），这增加了干扰信道的零空间的维度，而案例1(b)中的基站天线则保持固定。因此，为了减轻NSP对雷达性能的影响，一种方法是在雷达发射机处采用较大的天线阵列。

2.4.4.2　案例2的分析

对于这种情况，在每次蒙特卡罗仿真中，可以生成K个瑞利分布的干扰信道，将它们组合成一个维度为$KN^{BS} \times M$的干扰信道，计算其零空间并使用算法6构造相应的投影矩阵，使用算法5进行雷达信号投影，发射NSP信号，从接收信号中估计参数θ和α，并计算正交和NSP波形的检测概率。

图2.8考虑雷达的天线阵列非常大的情形，比K个基站的合成天线阵列还大得多。在这种情况下，雷达有足够的自由度来进行可靠的目标检测，同时能够消除对网络中所有基站的干扰。作为一个案例，图2.8考虑$M = 100$，$K = 5$，

$N^{BS}=\{2,4,6,8\}$的情形。这里在$P_{FA}=10^{-5}$时对维度为$KN^{BS}\times M$的合成干扰信道$\boldsymbol{H}$的P_D进行分析。当在组合信道上比较原始波形和NSP波形的检测性能时，可以注意到为了获得固定P_{FA}下所期望的P_D，NSP需要比正交波形更高的SNR。例如，假设希望$P_D=0.95$，那么根据图2.8，当N^{BS}分别为2、4、6和8时，NSP波形的SNR需要增加1、2、3.5和4.5dB，才能获得正交波形相同的结果。

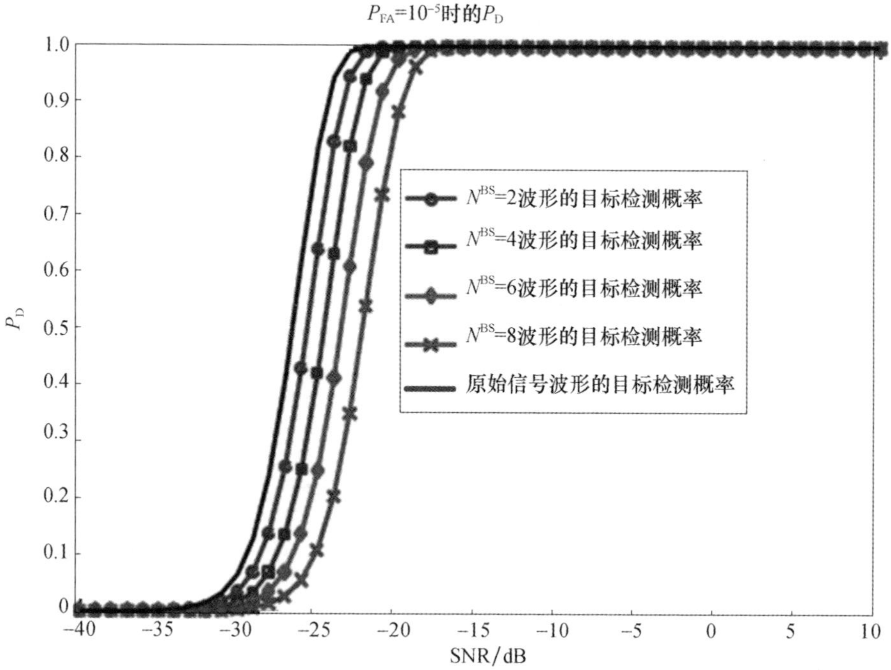

图2.8　案例2中检测概率与SNR的关系

2.5 小　结

未来，雷达将与无线通信系统共享射频频谱，以满足日益增长的带宽需求，并缓解商用无线服务中的频谱堵塞。本章分析了雷达和蜂窝系统之间的频谱共享场景，提出了一种在LTE蜂窝系统中抑制雷达信号干扰的空域方法。本章专注于以雷达为中心的干扰抑制方法，目标是通过巧妙地控制雷达信号，使其不会对所选LTE基站产生干扰。本章先将雷达信号投影到单个干扰信道的零空间，进而将这种方法扩展到具有多个基站的蜂窝系统；接着，本章评估了频谱共享MIMO雷达的目标参数估计和检测性能，提出了用于目标检测的统计检测问题，并在使用正交波形和NSP波形时使用广义似然比检验来判别目标的存在；最后，本章提出了一种新的频谱共享算法，可用于多种场景下的MIMO雷达与蜂窝系统频谱共享，使MIMO雷达的性能指标的降低最小。

2.6　MATLAB代码

本节给出了频谱共享MIMO雷达目标检测的MATLAB代码。

```
%用正交波形比较多基站侧对侧的Pd
%选择Mt个数
%选择BS个数
%%定义参数
%光速
c=3*10^8;
%通信接收机个数Nr
Nr=2;
%雷达发射机个数Mt
Mt=8;
%雷达接收机个数Mr
Mr=Mt;
%径向速度为2000m/s
v_r=2000;
%雷达参考点数
r_0=500*10^3;
%载频3.5GHz
f_c=3.5*10^9;
%载波角频率
omega_c=2*pi*f_c;
lambda=(2*pi*c)/omega_c;
theta=0;
%%导向向量和发射信号的相关矩阵
%发送/接收导向向量(Mt x1)
a=[1 exp(1i*pi*(1:Mt-1)*sin(theta))]';
%正交波形的传输相关矩阵(Mt x Mt)
Rs=eye(Mt);
%%定义ROC(接收器工作特性)的信噪比
SNR_db=-8:1:10;
```

```
SNR_mag=10.^(SNR_db./10);
%虚警概率值
P_FA=[10^-5];
%%蒙特卡洛次数
MC_iter=10;
Pd_orthog_cell=cell(1,MC_iter);
Pd_NSP_cell=cell(1,MC_iter);
for i=1:MC_iter
%%干扰信道矩阵H的生成与零空间计算
%生成蜂窝信道并查找NS
%最小NS的信道
BS=5;
%生成一个单元来存储矩阵
BS_channels=cell(1,BS);
%生成一个单元来存储每个基站的投影
Proj_matrix=cell(1,BS);
for b=1:BS
BS_channels{b}=(randn(Nr,Mt)+1i*randn(Nr,Mt));
Proj_matrix{b}=null(BS_channels{b})*...
ctranspose(null(BS_channels{b}));
Rs_null{b}=Proj_matrix{b}*Rs*Proj_matrix{b}';
%卡方函数的非中心参数
for z=1:length(SNR_mag)
rho_orthog(b)=SNR_mag(z)*(abs(a'*Rs.'*a))^2;
rho_NSP(b)=SNR_mag(z)*(abs(a'*Rs_null{b}.'*a))^2;
%为所需的Pfa创建阈值
%逆卡方中心w/2
%自由度
delta=chi2inv(ones(1,length(P_FA))-P_FA,repmat(2,
1,length(P_FA)));
%rows=SNR,cols=P_FA%
%ncx2cdf=非卡方中心累积分布函数
Pd_orthog(z,:)=ones(1,length(P_FA))-...
ncx2cdf(delta,repmat(2,1,length(P_FA)),...
```

```
    repmat(rho_orthog(b),1,length(P_FA)));
    Pd_NSP(z,:)=ones(1,length(P_FA))-...
    ncx2cdf(delta,repmat(2,1,length(P_FA)),...
    repmat(rho_NSP(b),1,length(P_FA)));
    end
    Pd_orthog_cell{b}=Pd_orthog;
    Pd_NSP_cell{b}=Pd_NSP;
    end
    Pd_orthog_cell_multiBS{i}=Pd_orthog_cell;Pd_NSP_
cell_multiBS{i}=Pd_NSP_cell;
    Pd_orthog_cat(:,:,i)=cell2mat(Pd_orthog_cell_mul-
tiBS{i});
    Pd_NSP_cat(:,:,i)=cell2mat(Pd_NSP_cell_multiBS{
i});
    end
    Pd_orthog_cat_mean=mean(Pd_orthog_cat,3);Pd_NSP_cat_
mean=mean(Pd_NSP_cat,3);
    %%绘制给定条件下的检测概率曲线
    %虚警概率
    figure
    plot(SNR_db',Pd_NSP_cat_mean(:,1),'g','LineWidth',
2.5);hold on
    plot(SNR_db',Pd_NSP_cat_mean(:,2),'b','LineWidth',
2.5);
    plot(SNR_db',Pd_NSP_cat_mean(:,3),'r','LineWidth',
2.5);
    plot(SNR_db',Pd_NSP_cat_mean(:,4),'m','LineWidth',
2.5);
    plot(SNR_db',Pd_NSP_cat_mean(:,5),'y','Line-
Width',2.5);
    plot(SNR_db',Pd_orthog_cat_mean(:,1),'k','Line-
Width',2.5);
    xlabel('SNR','fontsize',14);
    ylabel('P_D','fontsize',14);
```

```
title('P_D for P_{FA}=10^{-5}','fontsize',14);
legend('P_D for NSP Waveforms to BS 1','P_D for NSP Wave-
forms to BS 2',...
'P_D for NSP Waveforms to BS 3','P_D for NSP Waveforms to BS
4',...
'P_D for NSP Waveforms to BS 5','P_D for Orthogonal Wave-
forms',14)
```

参考文献

[1] A.M. Haimovich, R.S. Blum, L.J. Cimini, MIMO radar with widely separated antennas. IEEE Signal Process. Mag. 25(1), 116–129 (2008).

[2] J. Li, P. Stoica, MIMO radar with colocated antennas. IEEE Signal Process. Mag. 24(5), 106–114 (2007).

[3] M. Skolnik, Radar Handbook, 3rd edn. (McGraw-Hill Professional, Maidenheach, 2008).

[4] J. Li, P. Stoica, MIMO Radar Signal Processing (Wiley-IEEE Press, New York, 2008).

[5] A. Khawar, A. Abdel-Hadi, T.C. Clancy, R. McGwier, Beampattern analysis for MIMO radar and telecommunication system coexistence, in *IEEE International Conference on Computing, Networking and Communications, Signal Processing for Communications Symposium (ICNC'14 – SPC)* (2014).

[6] A. Khawar, A. Abdelhadi, T.C. Clancy, Channel modeling between seaborne MIMO radar and MIMO cellular system. arXiv, preprint arXiv:1504.04325 (2015).①

[7] A. Khawar, A. Abdelhadi, T.C. Clancy, Coexistence analysis between radar and cellular system in LoS channel. IEEE Antennas and Wireless Propagation Letters. 15, 972–975 (2015).②

[8] A. Khawar, A. Abdelhadi, T.C. Clancy, Three-dimensional (3D) channel modeling between seaborne MIMO radar and MIMO cellular system. arXiv, preprint arXiv:1504.04333 (2015).③

[9] A. Khawar, A. Abdel-Hadi, T.C. Clancy, On the impact of time-varying interference-channel on the spatial approach of spectrum sharing between S-band radar and communication system, in *IEEE Military Communications Conference (MILCOM)* (2014).

[10] D. Tse, P. Viswanath, *Fundamentals of Wireless Communication* (Cambridge University Press, Cambridge, 2005).

[11] A. Babaei, W.H. Tranter, T. Bose, A nullspace-based precoder with subspace expansion for radar/communications coexistence, in *IEEE Global Communications Conference (GLOBE-COM)*

①译者注:参考文献[6]在原著出版时并未发表,译者已根据发表情况进行修改。

②译者注:参考文献[7]在原著出版时并未发表,译者已根据发表情况进行修改。

③译者注:参考文献[8]在原著出版时并未发表,译者已根据发表情况进行修改。

(2013).

[12] J.A. Mahal, A. Khawar, A. Abdelhadi, T.C. Clancy, Radar precoder design for spectral coexistence with coordinated multi-point (CoMP) system, *CoRR*, vol. abs/1503.04256, (2015).

[13] Y. Noam, A. Goldsmith, Blind null-space learning for MIMO underlay cognitive radio networks," in *Proceedings of the IEEE International Communication on Conference* (2012).

[14] S. Sodagari, A. Khawar, T.C. Clancy, R. McGwier, A projection based approach for radar and telecommunication systems coexistence, in *IEEE Global Communications Conference (GLOBECOM)* (2012).

[15] H. Shajaiah, A. Khawar, A. Abdel-Hadi, T.C. Clancy, Resource allocation with carrier aggregation in LTE Advanced cellular system sharing spectrum with S-band radar, in *IEEE International Symposium on Dynamic Spectrum Access Networks: SSPARC Workshop (IEEE DySPAN 2014–SSPARC Workshop)* (McLean, USA, 2014).

[16] M. Ghorbanzadeh, A. Abdelhadi, C. Clancy, A Utility Proportional Fairness Resource Allocation in Spectrally Radar-Coexistent Cellular Networks, in *IEEE Military Communications Conference (MILCOM)* (2014).

[17] I. Bekkerman, J. Tabrikian, Target detection and localization using mimo radars and sonars. IEEE Trans. Signal Process. 54, 3873–3883 (2006).

[18] S. Kay, Fundamentals of Statistical Signal Processing: Detection Theory (Prentice Hall, 1998).

[19] A. Khawar, A. Abdelhadi, C. Clancy, Target detection performance of spectrum sharing MIMO radars. IEEE Sens. J. 15, 4928–4940 (2015).

第3章　共址MIMO雷达和复合蜂窝系统

Jasmin Mahal, Awais Khawar, Ahmed Abdelhadi, T. Charles Clancy

本章将讨论军用舰载MIMO雷达系统和商用MIMO蜂窝网络之间频谱共享的具体问题，其中MIMO蜂窝网络由协作基站集群组成，通常称为多点协作（Coordinated Multi-Point，CoMP）系统。CoMP系统可以协调下行链路中多个基站到用户设备的同时传输，并对上行链路中的多个基站执行用户设备信号联合解码。因此，CoMP系统通过基站间的协同，有效地将本来有害的小区内干扰转换成有用的信号，从而提高了整个蜂窝系统以及小区边缘用户的覆盖范围、吞吐量和传输效率。相比于传统蜂窝系统，CoMP系统由于具备这些优势而被LTE-Advanced Release 11及更高版本的3GPP视为4G移动系统的一种使能技术[1]。

本章设计了两种工作模式下的雷达预编码器：协作/认知模式和干扰抑制模式。在协作/认知模式下，雷达不但使用设计的预编码器向通信系统广播信息，而且利用其感知能力收集关于基站集群的信息，通过使用通信系统发送的训练符号或通过盲零空间（blind null-space）学习来估计信道。通过处理这些信息，雷达在干扰抑制模式确定零空间投影/小奇异值空间投影（Small Singular Value Space Projection，SSVSP）下的最优基站群。

在文献[2-3]研究的基础上，本章作者将解决方案扩展到舰载MIMO雷达和MIMO商用CoMP通信系统的共存场景，并且适用于LTE-Advanced系统。本章的贡献总结如下。

（1）用于干扰抑制的预编码器设计。为了减轻对CoMP系统的干扰，本章利用子空间投影方法推导出了两种雷达预编码器。在第一种方案中，雷达将其信号投影到CoMP基站集群上，并选择具有最大零空间的集群。该方案称为切换零空间投影（Switched Null-Space Projection，SNSP），因为雷达在每个脉冲重复间隔（Pulse Repetition Interval，PRI）内寻找最优集群，并根据其任务要求在每个PRI之间切换。第二种方案称为切换小奇异值空间投影（Switched Small Singular Value Space Projection，SSSVSP），此方案对投影空间进行了扩展，除零空间外，还包括对应非零奇异值小于指定阈值的子空间。预编码器是基于雷达和特定基站集群之间的复合干扰信道矩阵知识来设计的。

(2)用于协作/认知的预编码器设计。本章根据迫零(Zero Forcing,ZF)和最小均方误差(Minimum Mean Square Error,MMSE)标准推导出了用于CoMP系统通信的雷达预编码器,该模式的目的是在雷达和CoMP系统之间进行信息交换。本章将该模式进一步分为两个阶段。在第一阶段,雷达工作于认知模式,通过感知通信系统发送的训练符号进行信道估计,CoMP系统还通过一个控制信道给雷达反馈其集群信息。因此,第一阶段与CoMP的信号设计相关,而不是雷达。在第二阶段,雷达工作于广播模式,将告知CoMP系统为了抑制干扰已经选择了哪个集群。显然,第二阶段与雷达预编码器设计有关,以便在通信系统中有效地检测雷达信号。协作模式对于紧随其后的干扰抑制模式的成功至关重要,没有这种信息交换,频谱共享就不会成功。

(3)预编码器性能分析。为了评估雷达预编码器的性能,本章进行了详细的理论分析。虽然理论是在理想信道假设的基础上建立的,但是仿真是在考虑信道估计误差的情况下进行的[4]。本章还研究了雷达预编码器的目标定位和干扰抑制能力。结果表明,虽然预编码器消除了雷达对集群的干扰,但由于在探测信号中引入相关性而降低了雷达性能。本章的研究表明,可以通过两种方法来补偿这种性能损失:一种是增加雷达天线的数量;另一种是利用小奇异值空间而不是零空间进行投影。结果表明,在这两种补偿方案中,前者更有效。

本章的结构安排如下:3.1节详细阐述了雷达/通信系统的频谱共存模型;3.2节描述了不同工作模式的雷达预编码器设计;3.3节介绍了新提出的SSSVSP算法;3.4节从理论上分析了所设计雷达预编码器的性能;3.5节给出了仿真结果与分析;3.6节对本章进行了总结。

3.1　雷达/CoMP系统频谱共存模型

本节主要介绍CoMP通信系统模型、MIMO雷达信号模型以及提出的雷达-通信系统频谱共享方案。本章中,向量和矩阵分别用小写黑体字母和大写黑体字母表示。例如,$\boldsymbol{j}$和$\boldsymbol{J}$,矩阵$\boldsymbol{J}$的秩、零空间、转置和厄米特转置分别用$\text{rank}\{\boldsymbol{J}\}$、$\mathcal{N}\{\boldsymbol{J}\}$、$\boldsymbol{J}^{\mathrm{T}}$、$\boldsymbol{J}^{*}$表示。$\text{Span}\{\boldsymbol{s}\}$表示一组向量$\boldsymbol{s}$构成的子空间,$\mathbf{1}_N$表示$N \times N$的单位矩阵,$\|\cdot\|_2$和$\|\cdot\|_F$分别表示L-2范数和Frobenius范数。此外,$(X)^{+} = \max(X,0)$。

3.1.1　CoMP系统

CoMP接收主要分为两类:一类是协作调度和/或波束形成(CoMP-CS);另一类是联合处理/接收(CoMP-JP),本章主要考虑后一种情况。在联合处理/接收模式下,多个基站都对单个用户设备发送的数据进行检测,以提高信号检测的效果,并/或主动消除来自其他用户设备的干扰。此外,这些基站既可在CoMP单用户MIMO模式(CoMP-SU-MIMO)中服务于单个用户设备,也可在CoMP多用户MIMO模式(CoMP-MU-MIMO)中使用相同的频率同时服务于多个用户设备,如图3.1所示。图中3.1描绘了近海MIMO雷达(如美国海军的AN/SPN-43C空中交通管制雷达,工作频段3.5GHz)与岸基固定CoMP系统的频谱共存场景,并展示了CoMP系统共享雷达频段时的上行-下行链路模型。

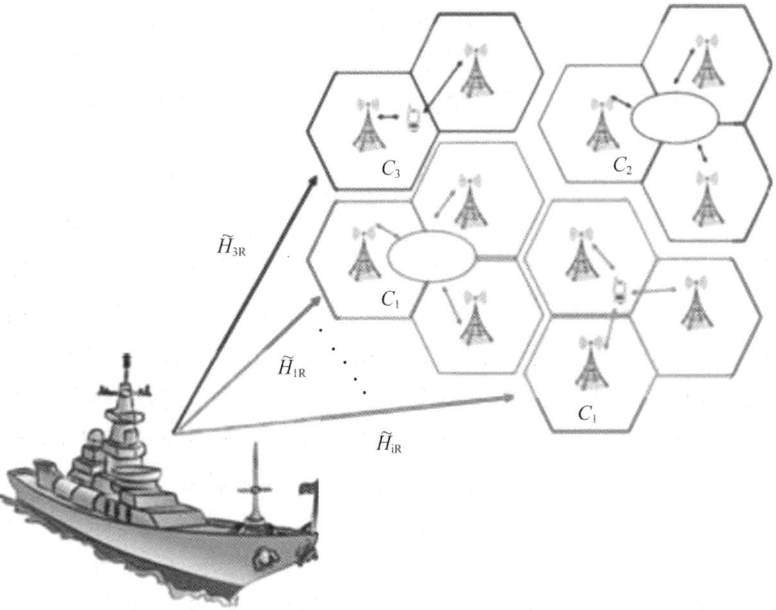

图3.1　MIMO雷达与CoMP系统的频谱共存

考虑一个共有M个基站的CoMP系统,组成了C_T个非交叠基站集群,其中第i个基站集群用$\mathcal{M}_i = \{1,2,\cdots,m_i,\cdots,M_i\}$表示。假设第$i$个基站集群总共服务于$K$个用户,形成了$C_T$个不相连的用户设备集。第$i$个用户设备集群由$\mathcal{K}_i = \{1,2,\cdots,K_i\}$表示,其中,$i = \{1,2,\cdots,C_T\}$。由于第$i$个基站集群与第$i$个用户设备集群对应,所以第$i$个用户设备集群的中第$k_i$个用户设备从$M_i$个基站组成的集群$_i$接收消息,其中,$\mathcal{M}_i \subseteq \mathcal{M}$,$\mathcal{M} = \{1,2,\cdots,M\}$,或者第$i$个基站集群中的第$m_i$个基站接收其分配用户集$_i$的信息,其中,$\mathcal{K}_i \subseteq \mathcal{K}$,$\mathcal{K} = \{1,2,\cdots,K\}$。每个基站配备$N_{BS}$个天线,每个用户设备配备$N_{UE}$个天线。因此,第$i$个CoMP集群由$M_i$个协作基站组成,以服务于同时以相同频率配对且联合调度的K_i个用户设备。在上行/下行链路中,第i个CoMP集群可以形成一个$\left(M_iN_{BS}\right)\times\left(K_iN_{UE}\right)$的虚拟MIMO系统。

假设$\boldsymbol{d}_{k_i} \in \mathbb{C}^{N_{\mathrm{UE}} \times 1}$为准备发给第$k_i$个用户设备的传输符号所组成的向量。集群$\mathcal{M}_i$中的所有基站都被发送数据流$\boldsymbol{d}_{k_i}$,这可通过利用基站和中央交换单元之间的回程链路来实现。对于用户k_i,基站利用预编码线性发送矩阵$\boldsymbol{F}_{k_i} \in \mathbb{C}^{M_i N_{\mathrm{BS}} \times N_{\mathrm{UE}}}$把数据向量$\boldsymbol{d}_{k_i}$转化为一个$M_i N_{\mathrm{BS}} \times 1$的传输向量$\boldsymbol{F}_{k_i}\boldsymbol{d}_{k_i}$。第$k_i$个用户设备在下行链路中接收的信号向量为$\boldsymbol{y}_{k_i} \in \mathbb{C}^{N_{\mathrm{UE}} \times 1}$,即

$$\boldsymbol{y}_{k_i} = \boldsymbol{G}_{k_i}\boldsymbol{F}_{k_i}\boldsymbol{d}_{k_i} + \boldsymbol{n}_{k_i} \tag{3.1}$$

式中:$\boldsymbol{G}_{k_i} \in \mathbb{C}^{N_{\mathrm{UE}} \times M_i N_{\mathrm{BS}}}$为第$i$个基站集群与第$k_i$个用户之间的信道矩阵;$\boldsymbol{n}_{k_i} \in \mathbb{C}^{N_{\mathrm{UE}} \times 1}$为噪声和非雷达因素带来的干扰项。假设第$i$个CoMP集群的网络信道定义为$\boldsymbol{G}_i = \left[\boldsymbol{G}_1^{\mathrm{T}}, \boldsymbol{G}_2^{\mathrm{T}}, \cdots, \boldsymbol{G}_{K_i}^{\mathrm{T}}\right]^{\mathrm{T}}$,则所有$K_i$个用户接收的相应信号集$\boldsymbol{y}_i \in \mathbb{C}^{K_i N_{\mathrm{UE}} \times 1}$可表示为

$$\boldsymbol{y}_i = \boldsymbol{G}_i\boldsymbol{F}_i\boldsymbol{d}_i + \boldsymbol{n}_i \tag{3.2}$$

式中:$\boldsymbol{y}_i = \left[\boldsymbol{y}_1^{\mathrm{T}}, \boldsymbol{y}_2^{\mathrm{T}}, \cdots, \boldsymbol{y}_{K_i}^{\mathrm{T}}\right]^{\mathrm{T}}$;$\boldsymbol{F}_i = \left[\boldsymbol{F}_1, \boldsymbol{F}_2, \cdots, \boldsymbol{F}_{K_i}\right]$;$\boldsymbol{d}_i = \left[\boldsymbol{d}_1^{\mathrm{T}}, \boldsymbol{d}_2^{\mathrm{T}}, \cdots, \boldsymbol{d}_{K_i}^{\mathrm{T}}\right]^{\mathrm{T}}$;$\boldsymbol{n}_i = \left[\boldsymbol{n}_1^{\mathrm{T}}, \boldsymbol{n}_2^{\mathrm{T}}, \cdots, \boldsymbol{n}_{K_i}^{\mathrm{T}}\right]^{\mathrm{T}}$;$\boldsymbol{F}_i$为设计的基于信道信息的预编码矩阵,以提高协作MIMO系统的性能。

类似地,第i个CoMP集群中第m_i个基站接收到的信号$\boldsymbol{b}_{m_i} \in \mathbb{C}^{N_{\mathrm{BS}} \times 1}$以及在整个上行链路集群中接收信号向量$\boldsymbol{b}_i \in \mathbb{C}^{M_i N_{\mathrm{BS}} \times 1}$分别为

$$\boldsymbol{b}_{m_i} = \tilde{\boldsymbol{G}}_{m_i}\tilde{\boldsymbol{F}}_{m_i}\boldsymbol{a}_{m_i} + \tilde{\boldsymbol{n}}_{m_i} \tag{3.3}$$

$$\boldsymbol{b}_i = \tilde{\boldsymbol{G}}_i\tilde{\boldsymbol{F}}_i\boldsymbol{a}_i + \tilde{\boldsymbol{n}}_i \tag{3.4}$$

式中:$\boldsymbol{a}_{m_i} \in \mathbb{C}^{N_{\mathrm{BS}} \times 1}$为第$m_i$个基站的信号向量;$\tilde{\boldsymbol{n}}_{m_i} \in \mathbb{C}^{N_{\mathrm{BS}} \times 1}$则为相应的噪声和非雷达因素带来的干扰项;$\tilde{\boldsymbol{G}}_{m_i} \in \mathbb{C}^{N_{\mathrm{BS}} \times K_i N_{\mathrm{UE}}}$为第$i$个用户集群与第$m_i$个基站之间的信道矩阵;$\tilde{\boldsymbol{F}}_{m_i} \in \mathbb{C}^{K_i N_{\mathrm{UE}} \times N_{\mathrm{BS}}}$表示预编码矩阵;$\tilde{\boldsymbol{G}}_i = \left[\tilde{\boldsymbol{G}}_1^{\mathrm{T}}, \tilde{\boldsymbol{G}}_2^{\mathrm{T}}, \cdots, \tilde{\boldsymbol{G}}_{M_i}^{\mathrm{T}}\right]^{\mathrm{T}}$;$\boldsymbol{b}_i = \left[\boldsymbol{b}_1^{\mathrm{T}}, \boldsymbol{b}_2^{\mathrm{T}}, \cdots, \boldsymbol{b}_{M_i}^{\mathrm{T}}\right]^{\mathrm{T}}$;$\tilde{\boldsymbol{F}}_i = \left[\tilde{\boldsymbol{F}}_1, \tilde{\boldsymbol{F}}_2, \cdots, \tilde{\boldsymbol{F}}_{M_i}\right]$;$\boldsymbol{a}_i = \left[\boldsymbol{a}_1^{\mathrm{T}}, \boldsymbol{a}_2^{\mathrm{T}}, \cdots, \boldsymbol{a}_{M_i}^{\mathrm{T}}\right]^{\mathrm{T}}$;$\tilde{\boldsymbol{n}}_i = \left[\tilde{\boldsymbol{n}}_1^{\mathrm{T}}, \tilde{\boldsymbol{n}}_2^{\mathrm{T}}, \cdots, \tilde{\boldsymbol{n}}_{M_i}^{\mathrm{T}}\right]^{\mathrm{T}}$。假设通道之间可互换,则有

$$\tilde{\boldsymbol{G}}_i = \boldsymbol{G}_i^{*} \tag{3.5}$$

3.1.2　集群算法

CoMP系统中的联合传输/接收需要额外的信令开销以及稳健的回程信道,因此仅可通过有限数量的基站协作形成集群[5]。要想有效利用CoMP系统的预期效益,集群的构建是一个重要的问题。总的来说,集群构建主要有静态集群算法和动态集群算法,这两种方案有以下优点[6]。

(1)静态集群:静态集群不会随时间变化,基于不随时间变化的网络参数如基站的地理位置和周围环境进行设计。由于相邻基站平均相互干扰最大,因此

仅通过相邻基站形成集群[5]。

(2)动态集群:动态集群不断适应网络中变化的参数,如用户设备位置和无线电频率。动态集群方案利用了信道条件变化的影响,可以在不显著增加开销的情况下获得更高的性能增益[7]。因此,动态集群算法不是基于地理上的接近程度,而是基于在没有任何协作情况下的干扰程度对基站进行集群[8]。

由于窄雷达波束只照射特定地理区域,可以对相邻单元形成的集群使用静态非交叠集群算法。这里假设移动网络运营商正在执行基站集群的任务,并且在协作模式的第一阶段将集群信息传送给雷达。

3.1.3 共址MIMO雷达

MIMO雷达是一个新兴的研究领域,也是传统雷达系统未来升级的一个可能的选择。与传统相控阵雷达发射单一波形不同的是,MIMO雷达发射可自由选择的多种探测信号。这使得MIMO雷达与相控阵雷达相比具有显著的额外自由度,使其能够以更好的性能跟踪更多的目标,同时也可更好地消除杂波和干扰。一方面,通过并置的收发天线方式,MIMO雷达可提供更好的目标参数识别能力以及更高的空间分辨率[9-11];另一方面,通过正交信号的虚拟传感器技术,MIMO雷达扩展了阵列孔径。这种虚拟孔径扩展使MIMO雷达能够获得更高的波达方向(Direction of Arrive, DOA)估计精度以及更窄的波束,从而提高角度分辨率和的检测性能。

本章考虑一个收发天线阵元个数均为M_{R}的共址MIMO雷达。如果将M_{R}维雷达传输信号的基带等效样本表示为$\left\{\boldsymbol{x}_{\mathrm{R}}(n)\right\}_{n=1}^{L}$,则信号相干矩阵可以写成[12]

$$\boldsymbol{R}_{x}=\frac{1}{L}\sum_{n=1}^{L}\boldsymbol{x}_{\mathrm{R}}(n)\boldsymbol{x}_{\mathrm{R}}^{*}(n)=\begin{bmatrix}1 & \beta_{12} & \cdots & \beta_{1M_{\mathrm{R}}}\\ \beta_{21} & 1 & \cdots & \beta_{2M_{\mathrm{R}}}\\ \vdots & \vdots & & \vdots\\ \beta_{M_{\mathrm{R}}1} & \beta_{M_{\mathrm{R}}2} & \cdots & 1\end{bmatrix} \tag{3.6}$$

式中:n为时间索引;L为时间样本总数;β_{oc}为第o个和第c个信号之间的相关系数$(1\leqslant o,c\leqslant M_{\mathrm{R}})$。相关系数$\left\{\beta_{oc}\right\}$的相位将波束指向感兴趣的角度。如果当$o\neq c$时,有$\beta_{oc}=0$,则$\boldsymbol{R}_{x}=\boldsymbol{1}_{M_{\mathrm{R}}}$,即波形正交,对应全向发射。

如图3.2雷达天线阵结构中的阵列配置所示,从角度为θ的单个点目标返回的接收信号可表示为[13]

$$\boldsymbol{y}_{\mathrm{R}}(n)=\alpha\boldsymbol{A}(\theta)\boldsymbol{x}_{\mathrm{R}}(n)+\boldsymbol{w}(n) \tag{3.7}$$

式中:α为路径复损耗,包括传播损耗和反射系数;$\boldsymbol{A}(\theta)$为收发导向矩阵,定义为

$$\boldsymbol{A}(\theta) \overset{\text{def}}{=} \boldsymbol{a}_{\mathrm{t}}(\theta)\boldsymbol{a}_{\mathrm{r}}^{\mathrm{T}}(\theta) \tag{3.8}$$

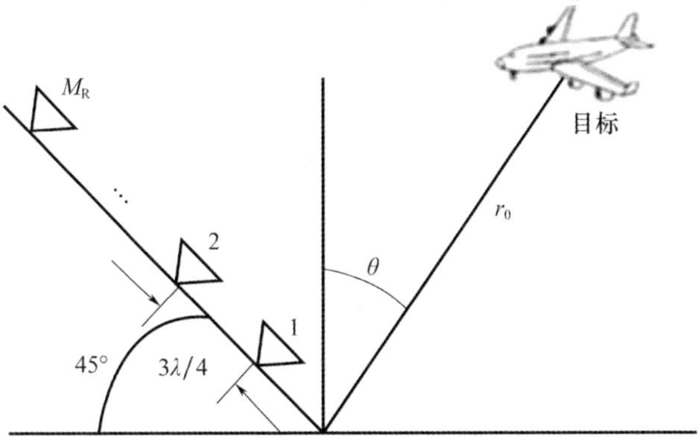

图3.2　雷达天线阵的结构

假设用$\tau_{\mathrm{t},p}(\theta)$表示目标与第$p$个发射阵元之间的传播时延，用$\tau_{\mathrm{r},l}(\theta)$表示目标和第$l$个接收阵元之间的传播时延，则第$p$个发射元素和第$l$个接收元素之间的总传播时延为

$$\tau_{pl}(\theta) = \tau_{\mathrm{t},p}(\theta) + \tau_{\mathrm{r},l}(\theta) \tag{3.9}$$

基于以上假设，可将发射导向向量$\boldsymbol{a}_{\mathrm{t}}(\theta)$定义为

$$\boldsymbol{a}_{\mathrm{t}}(\theta) \overset{\text{def}}{=} \left[\mathrm{e}^{-\mathrm{j}\omega_{\mathrm{c}}\tau_{\mathrm{t},1}(\theta)}, \cdots, \mathrm{e}^{-\mathrm{j}\omega_{\mathrm{c}}\tau_{\mathrm{t},p}(\theta)}, \cdots, \mathrm{e}^{-\mathrm{j}\omega_{\mathrm{c}}\tau_{\mathrm{t},M_{\mathrm{R}}}(\theta)}\right]^{\mathrm{T}} \tag{3.10}$$

接收导向向量$\boldsymbol{a}_{\mathrm{r}}(\theta)$定义为

$$\boldsymbol{a}_{\mathrm{r}}(\theta) \overset{\text{def}}{=} \left[\mathrm{e}^{-\mathrm{j}\omega_{\mathrm{c}}\tau_{\mathrm{r},1}(\theta)}, \cdots, \mathrm{e}^{-\mathrm{j}\omega_{\mathrm{c}}\tau_{\mathrm{r},l}(\theta)}, \cdots, \mathrm{e}^{-\mathrm{j}\omega_{\mathrm{c}}\tau_{\mathrm{r},M_{\mathrm{R}}}(\theta)}\right]^{\mathrm{T}} \tag{3.11}$$

基于此模型，目标方向估计的克拉美罗界（Cramér-Rao Bound，CRB）为[11]

$$\mathrm{CRB}(\theta) = \frac{1}{2\mathrm{SNR}}\left(M_{\mathrm{R}}\dot{\boldsymbol{a}}_{\mathrm{t}}^{*}(\theta)\boldsymbol{R}_{\boldsymbol{x}}^{\mathrm{T}}\dot{\boldsymbol{a}}_{\mathrm{t}}(\theta) + \boldsymbol{a}_{\mathrm{t}}(\theta)^{*}\boldsymbol{R}_{\boldsymbol{x}}^{\mathrm{T}}\boldsymbol{a}_{\mathrm{t}}(\theta)\left\|\dot{\boldsymbol{a}}_{\mathrm{r}}(\theta)\right\|^{2} - \frac{M_{\mathrm{R}}\left|\boldsymbol{a}_{\mathrm{t}}^{*}(\theta)\boldsymbol{R}_{\boldsymbol{x}}^{\mathrm{T}}\dot{\boldsymbol{a}}_{\mathrm{t}}(\theta)\right|^{2}}{\boldsymbol{a}_{\mathrm{t}}^{*}(\theta)\boldsymbol{R}_{\boldsymbol{x}}^{\mathrm{T}}\boldsymbol{a}_{\mathrm{t}}(\theta)}\right)^{-1} \tag{3.12}$$

式中：$\dot{\boldsymbol{a}}_{\mathrm{t}}(\theta) = \frac{\mathrm{d}\boldsymbol{a}_{\mathrm{t}}}{\mathrm{d}\theta}$；$\dot{\boldsymbol{a}}_{\mathrm{r}}(\theta) = \frac{\mathrm{d}\boldsymbol{a}_{\mathrm{r}}}{\mathrm{d}\theta}$。假设所有其他参数固定，从最大似然或CRB角度来说，使用正交探测信号对目标方向进行估计的性能最优[11,14-15]。

3.1.4　频谱共存场景

通信系统与单基地舰载MIMO雷达系统共享频谱场景如图3.1所示。雷达发射机和第i个基站集群$\mathcal{M}_i$之间的复合干扰信道用$\tilde{\boldsymbol{H}}_{i,\mathrm{R}} \in \mathbb{C}^{M_i N_{\mathrm{BS}} \times M_{\mathrm{R}}}$表示。假定信道为阻塞衰落和准静态的。在有雷达存在的情况下,第i个基站集群$\mathcal{M}_i$在上行链路上接收到的信号为

$$\boldsymbol{b}_i = \tilde{\boldsymbol{G}}_i \tilde{\boldsymbol{F}}_i \boldsymbol{a}_i + \tilde{\boldsymbol{n}}_i + \tilde{\boldsymbol{H}}_{i,\mathrm{R}} \boldsymbol{x}_{\mathrm{R}} \tag{3.13}$$

式中:$\tilde{\boldsymbol{H}}_{i,\mathrm{R}} \boldsymbol{x}_{\mathrm{R}}$为从MIMO雷达到第$i$个基站集群的复合干扰信号,在3.2节中将通过设计雷达预编码器的方式来对其进行抑制。

本节主要考虑雷达和基站集群之间的复合干扰信道矩阵,而不是雷达和用户设备之间的复合干扰信道矩阵。这是因为手持用户设备通常位于或接近地面,而与其通信的基站安装在建筑物侧面或建筑物屋顶上,位置通常比用户设备高得多。由于舰载雷达系统的天线波束往地平线上方倾斜,通常约为0.5°~1°,因此它们连接到基站接收机的信号强度比连接到用户设备接收机中的更大,如图3.3所示。图3.3展示了近海雷达和未来可能工作在3.5GHz的LTE系统之间的耦合场景,从几何角度看,来自雷达发射机的耦合应该更多地发生在LTE基站接收机中,而不是发生在用户设备中[16]。

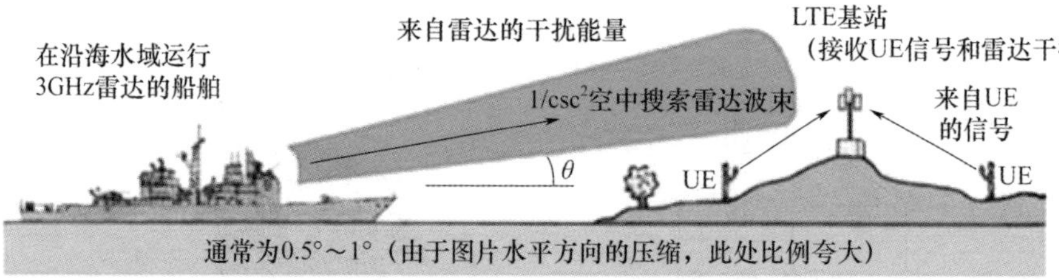

图3.3 舰载雷达与LTE系统耦合场景

3.2 频谱共存信号设计

为使雷达和通信系统之间的频谱和谐共存,本节对雷达信号进行了设计,使得式(3.13)中的最后一项干扰项置为零。在无干扰模式下,其目的是通过构造预编码雷达信号$\tilde{\boldsymbol{x}}_{\mathrm{R}}$,使得雷达信号对优选CoMP集群系统中所有基站的干扰为0或最小,并且随着时间变化,雷达不断在最优集群之间切换波束。对于协作模式,当雷达在第二阶段向基站传送信息时,雷达预编码是为了确保基站处接收信号的误码率(Bit Error Rate,BER)足够低,从而能够进行有效检测。在协作模式的第一阶段,通过协调集群中的所有基站选择各自的训练符号和功率传输,使得雷达可以对自身和基站集群之间的复合干扰信道进行最优估计。

3.2.1　用于干扰抑制模式的雷达预编码器设计

为了抑制雷达对第 i 个基站集群 $\mathcal{M}_i$ 的干扰，可以将雷达预编码矩阵 $\boldsymbol{P}_{\mathrm{R},i} \in \mathbb{C}^{M_\mathrm{R} \times M_\mathrm{R}}$ 设计为

$$\boldsymbol{H}_{m_i,\mathrm{R}} \boldsymbol{P}_{\mathrm{R},i} \boldsymbol{x}_\mathrm{R} = 0, \forall m_i \in \mathcal{M}_i \tag{3.14}$$

$$\boldsymbol{H}_{m_i,\mathrm{R}} \tilde{\boldsymbol{x}}_\mathrm{R} = 0, \forall m_i \in \mathcal{M}_i \tag{3.15}$$

式中：预编码雷达信号 $\tilde{\boldsymbol{x}}_\mathrm{R} = \boldsymbol{P}_{\mathrm{R},i} \boldsymbol{x}_\mathrm{R}$；$\boldsymbol{H}_{m_i,\mathrm{R}}$ 表示雷达和集群 $\mathcal{M}_i$ 中第 m_i 个基站之间的信道矩阵。上述准则满足以下条件：

$$\boldsymbol{P}_{\mathrm{R},i} \boldsymbol{x}_\mathrm{R} \in \mathcal{N}\left(\boldsymbol{H}_{m_i,\mathrm{R}}\right), \forall m_i \in \mathcal{M}_i \tag{3.16}$$

因此，对于所有 m_i，雷达信号必须位于 $\boldsymbol{H}_{m_i,\mathrm{R}}$ 的零空间内。式(3.16)可以重写为

$$\boldsymbol{P}_{\mathrm{R},i} \boldsymbol{x}_\mathrm{R} \in \mathcal{N}\left(\boldsymbol{H}_{1,\mathrm{R}}\right) \cap \mathcal{N}\left(\boldsymbol{H}_{2,\mathrm{R}}\right) \cap \cdots \cap \mathcal{N}\left(\boldsymbol{H}_{M_i,\mathrm{R}}\right) \tag{3.17}$$

利用公式 $\mathcal{N}(\boldsymbol{A}) \cap \mathcal{N}(\boldsymbol{B}) = \mathcal{N}(\boldsymbol{C})$，其中，$\boldsymbol{C} = \left[\boldsymbol{A}^* \boldsymbol{B}^*\right]^*$，预编码器可以化简为

$$\boldsymbol{P}_{\mathrm{R},i} \boldsymbol{x}_\mathrm{R} \in \mathcal{N}\left(\tilde{\boldsymbol{H}}_{i,\mathrm{R}}\right) \tag{3.18}$$

式中

$$\tilde{\boldsymbol{H}}_{i,\mathrm{R}} = \left[\left(\boldsymbol{H}_{1,\mathrm{R}}\right)^* \left(\boldsymbol{H}_{2,\mathrm{R}}\right)^* \cdots \left(\boldsymbol{H}_{M_i,\mathrm{R}}\right)^*\right]^* \tag{3.19}$$

为找到零空间，首先对直通链路[17]进行奇异值分解（Singular Value Decomposition，SVD），即对复合信道矩阵 $\tilde{\boldsymbol{H}}_{i,\mathrm{R}} \in \mathbb{C}^{M_i N_\mathrm{BS} \times M_\mathrm{R}}$ 进行对角化。$\tilde{\boldsymbol{H}}_{i,\mathrm{R}}$ 的SVD分解的常规形式为 $\tilde{\boldsymbol{H}}_{i,\mathrm{R}} = \tilde{\boldsymbol{U}}_i \tilde{\boldsymbol{S}}_i \tilde{\boldsymbol{V}}_i^*$，其中，$\tilde{\boldsymbol{U}}_i \in \mathbb{C}^{M_i N_\mathrm{BS} \times M_i N_\mathrm{BS}}$ 是一个酉矩阵，$\tilde{\boldsymbol{S}}_i \in \mathbb{C}^{M_i N_\mathrm{BS} \times M_\mathrm{R}}$ 是一个对角线元素为非负实数的矩形对角矩阵，$\tilde{\boldsymbol{V}}_i^* \in \mathbb{C}^{M_\mathrm{R} \times M_\mathrm{R}}$ 是另一个酉矩阵。$\tilde{\boldsymbol{S}}_i$ 的对角线元素也是 $\tilde{\boldsymbol{H}}_{i,\mathrm{R}}$ 的奇异值。$\tilde{\boldsymbol{U}}_i$ 的 $M_i N_\mathrm{BS}$ 列和 $\tilde{\boldsymbol{V}}_i$ 的 M_R 列分别被称为左奇异向量（$\boldsymbol{u} \in \mathbb{C}^{M_i N_\mathrm{BS} \times 1}$）和右奇异向量（$\boldsymbol{v} \in \mathbb{C}^{M_i N_\mathrm{BS} \times 1}$）。

进行奇异值分解后，得到 $\tilde{\boldsymbol{H}}_{i,\mathrm{R}}$ 的零空间 $\mathrm{Span}\left\{\bar{\boldsymbol{V}}_i\right\}$，其中，$\bar{\boldsymbol{V}}_i$ 由 $\tilde{\boldsymbol{V}}_i$ 中 $\tilde{\boldsymbol{H}}_{i,\mathrm{R}}$ 零奇异值对应的列组成。预编码器 $\boldsymbol{P}_{\mathrm{R},i}$ 为 $\mathrm{Span}\left\{\bar{\boldsymbol{V}}_i\right\}$ 的投影矩阵，$\boldsymbol{P}_{\mathrm{R},i} = \bar{\boldsymbol{V}}_i\left(\bar{\boldsymbol{V}}_i^* \bar{\boldsymbol{V}}_i\right)^{-1} \bar{\boldsymbol{V}}_i^*$。

假设 $\tilde{\boldsymbol{H}}_{i,\mathrm{R}}$ 是行满秩矩阵，零空间维度（即 $\boldsymbol{H}_{i,\mathrm{R}}$ 零空间的维数）大于差值（$M_\mathrm{R} - M_i N_\mathrm{BS}$）。用数学术语可表示为

$$\mathrm{null}\left[\tilde{\boldsymbol{H}}_{i,\mathrm{R}}\right] = \dim\left[\mathcal{N}\left(\tilde{\boldsymbol{H}}_{i,\mathrm{R}}\right)\right] = \left(M_\mathrm{R} - M_i N_\mathrm{BS}\right)^+ \tag{3.20}$$

存在一个非零预编码器（$\boldsymbol{P}_{\mathrm{R},i} \neq 0$）的必要条件是雷达发射天线的数量大于集群中所有基站所需的自由度（Degrees of Freedom，DoF）之和。在此情况下，为使 $\tilde{\boldsymbol{H}}_{i,\mathrm{R}}$ 的零空间维度不为零，必须满足 $M_\mathrm{R} > M_i N_\mathrm{BS}$，从而才存在一个非零预

编码器。

在奇异值分解中,奇异值总是按降序排列:$\sigma_{M_i N_{BS}} < \sigma_{M_i N_{BS}-1} < \cdots < \sigma_1$。这些奇异值实际上是其相应右奇异向量方向上传输功率的测量值。因此,将小于特定阈值σ_{th}的奇异值对应的右奇异向量构成投影空间,将雷达发射信号投影到该空间上,就可使雷达对集群的干扰最小,当然这样并不能完全消除干扰。这种妥协有望在一定程度上减小雷达目标检测能力的性能损失。σ_{th}的值取决于通信系统对功率的限制。当投影空间由阈值以下的非零小奇异值对应的右奇异向量和零奇异值构成时,即$\sigma < \sigma_{th}$,在当前信道条件下,干扰将大大减小,这种投影称为小奇异值空间投影(SSVSP)。对于SSVSP,使用$\tilde{\boldsymbol{H}}_{i,R}$的奇异值分解,投影空间为$\text{Span}\left\{\bar{\boldsymbol{V}}_{s,i}\right\}$,其中,$\bar{\boldsymbol{V}}_{s,i}$由$\bar{\boldsymbol{V}}_i$中小于阈值$\sigma_{th}$的非零奇异值和零奇异值对应的列组成。因此,预编码器$\boldsymbol{P}_{R_s,i}$可由$\boldsymbol{P}_{R_s,i} = \bar{\boldsymbol{V}}_{s,i}\left(\bar{\boldsymbol{V}}_{s,i}^*\bar{\boldsymbol{V}}_{s,i}\right)^{-1}\bar{\boldsymbol{V}}_{s,i}^*$给出。

在波束切换的情况下,雷达不断扫描自身和集群之间的最优复合干扰信道,并将其波束投影到该集群。基于SNSP方法,最优和最差的复合干扰信道可按以下方式分别进行选择[2]:

最优信道为

$$\tilde{\boldsymbol{H}}_{best} = \left(\tilde{\boldsymbol{H}}_{i,R}\right)_{i_{max}} \tag{3.21}$$

式中

$$i_{max} = \underset{1 \leqslant i \leqslant C_T}{\arg\max}\, \dim\left[\mathcal{N}\left(\tilde{\boldsymbol{H}}_{i,R}\right)\right] \tag{3.22}$$

最差信道为

$$\tilde{\boldsymbol{H}}_{worst} = \left(\tilde{\boldsymbol{H}}_{i,R}\right)_{i_{min}} \tag{3.23}$$

式中

$$i_{min} = \underset{1 \leqslant i \leqslant C_T}{\arg\min}\, \dim\left[\mathcal{N}\left(\tilde{\boldsymbol{H}}_{i,R}\right)\right] \tag{3.24}$$

对于新提出的SSSVSP,最优和最差的复合干扰信道选择如下:

最优信道为

$$\tilde{\boldsymbol{H}}_{best} = \left(\tilde{\boldsymbol{H}}_{i,R}\right)_{i_{min}} \tag{3.25}$$

式中

$$i_{min} = \underset{1 \leqslant i \leqslant C_T}{\arg\min} \left\| \boldsymbol{P}_{R_s,i}\boldsymbol{x}_R - \boldsymbol{x}_R \right\|_2 \tag{3.26}$$

最差信道为

$$\tilde{\boldsymbol{H}}_{worst} = \left(\tilde{\boldsymbol{H}}_{i,R}\right)_{i_{max}} \tag{3.27}$$

式中

$$i_{\max} = \arg\max_{1 \leqslant i \leqslant C_T} \left\| \boldsymbol{P}_{R_s,i} \boldsymbol{x}_R - \boldsymbol{x}_R \right\|_2 \tag{3.28}$$

1. 奇异值阈值$\boldsymbol{\sigma}_{th}$

奇异值阈值$\boldsymbol{\sigma}_{th}$由通信系统可接受的雷达功率电平P_{rad}确定，这个电平不会使通信接收机的放大器饱和。假设$\max\left\{P_{com}\right\}$为基站允许的最大功率，相应的功率约束为

$$E\left[\left\| \boldsymbol{P}_{R_s,i} \boldsymbol{x}_R \right\|^2\right] = {}^{T}\left\{\boldsymbol{P}_{R_s,i} \boldsymbol{P}_{R_s,i}^*\right\} \leqslant \boldsymbol{\sigma}_{th}^2 P_{rad} = \max\left\{P_{com}\right\} \tag{3.29}$$

则

$$\boldsymbol{\sigma}_{th} = \sqrt{\frac{\max\left\{P_{com}\right\}}{P_{rad}}} \tag{3.30}$$

随着$\boldsymbol{\sigma}_{th}$变大，$\bar{\boldsymbol{V}}_{s,i}$不断接近$\tilde{\boldsymbol{V}}_i$，从而使得$\boldsymbol{P}_{R_s,i}$接近$\mathbf{1}_{M_R}$。由于$\boldsymbol{\sigma}_{th} \geqslant \boldsymbol{\sigma}_1$，最后可以得到$\bar{\boldsymbol{V}}_{s,i} = \tilde{\boldsymbol{V}}_i, \boldsymbol{P}_{R_s,i} = \mathbf{1}_{M_R}$。这实际上表示的是，如果在雷达端不进行预编码，就会导致对通信系统的干扰，但是雷达此时却有最佳的目标检测和定位能力。

2. 复合信道矩阵$\tilde{\boldsymbol{H}}_{i,R}$和奇异值

为使复合信道矩阵达到行满秩，假设$\tilde{\boldsymbol{H}}_{i,R}$的元素独立同分布，并且由连续的高斯分布中得到。根据随机矩阵理论，这可使得$\tilde{\boldsymbol{H}}_{i,R}$的行之间线性无关[18]。此外，这也代表了典型蜂窝系统的瑞利衰减多径环境。随着复合信道矩阵条件数$Z\left(\tilde{\boldsymbol{H}}_{i,R}\right) = \boldsymbol{\sigma}_{max}/\boldsymbol{\sigma}_{min}$的增加（即奇异值分布变广），SSSVSP改进了CRB，从而使得雷达对通信系统的功率泄漏减少。

3.2.2　用于协作模式的雷达预编码器设计

在协作模式的第二阶段，雷达将与CoMP系统进行通信，通知通信系统以下信息：①与将受雷达发射影响的基站位置相对应的信道矩阵；②采用零空间投影或小奇异值空间投影方法后可以抑制干扰的位置。在此阶段，雷达以广播（Broadcast，BC）模式工作在下行链路，即雷达向基站通信。这种MIMO-BC模式可以采用线性预编码（Linear Precoding，LP）技术，如ZF预编码器和MMSE预编码器。ZF预编码器在发射端对信道矩阵进行求逆，可以完全消除基站之间的干扰。然而，对于邻近的奇异矩阵信道，则必须付出高传输能量的代价。使用MMSE线性预编码器可部分缓解此问题，这种预编码器平衡了传输能量和干扰电平的关系，可以获得最小的检测误差。此模式下雷达信号

表示为

$$\boldsymbol{x}_{\mathrm{R}} = \left[x_{\mathrm{R},1}, x_{\mathrm{R},2}, \cdots, x_{\mathrm{R},D_{\mathrm{R}}}\right]^{\mathrm{T}} \in \mathbb{C}^{D_{\mathrm{R}}}$$

式中：D_{R}为用于基站的独立信息流的数量，$D_{\mathrm{R}} \leqslant \min(MN_{\mathrm{BS}}, M_{\mathrm{R}})$。使用ZF准则，预编码矩阵由下式给出[19]：

$$\boldsymbol{P}_{\mathrm{R}} = \tilde{\boldsymbol{H}}_{\mathrm{R}}^{*}\left(\tilde{\boldsymbol{H}}_{\mathrm{R}}\tilde{\boldsymbol{H}}_{\mathrm{R}}^{*}\right)^{-1} \tag{3.31}$$

式中：$\tilde{\boldsymbol{H}}_{\mathrm{R}}$为雷达和通信系统中所有基站之间的复合信道，由下式给出：

$$\tilde{\boldsymbol{H}}_{\mathrm{R}} = \left[\left(\boldsymbol{H}_{1\mathrm{R}}\right)^{*}, \left(\boldsymbol{H}_{2\mathrm{R}}\right)^{*}, \cdots, \left(\boldsymbol{H}_{M\mathrm{R}}\right)^{*}\right]^{*} \tag{3.32}$$

式(3.31)的逆运算只有在$M_{\mathrm{R}} \geqslant D_{\mathrm{R}}$时是成立的。类似地，使用MMSE准则，预编码器如下[20]：

$$\boldsymbol{P}_{\mathrm{R}} = \tilde{\boldsymbol{H}}_{\mathrm{R}}^{*}\left(\tilde{\boldsymbol{H}}_{\mathrm{R}}\tilde{\boldsymbol{H}}_{\mathrm{R}}^{*} + D_{\mathrm{R}}\sigma^{2}\boldsymbol{1}\right)^{-1} \tag{3.33}$$

3.2.3 用于干扰抑制模式的CoMP信号设计

由于假设雷达和通信系统两端都是MIMO结构，因此也可以对通信信号进行预编码，使其位于雷达的零空间中。通信端的预编码可按照以下方式进行：当CoMP系统在下行链路上传输时，雷达接收到的信号为

$$\boldsymbol{y}_{\mathrm{R}}(n) = \alpha\boldsymbol{A}(\theta)\boldsymbol{x}_{\mathrm{R}}(n) + \boldsymbol{w}(n) + \sum_{i=1}^{C_{\mathrm{T}}}\tilde{\boldsymbol{H}}_{i,\mathrm{R}}^{*}\boldsymbol{F}_{i}\boldsymbol{d}_{i} \tag{3.34}$$

式中：$\tilde{\boldsymbol{H}}_{i,\mathrm{R}}^{*}\boldsymbol{F}_{i}\boldsymbol{d}_{i}$是从第$i$个基站集群到雷达的复合干扰信号，这里希望通过设计通信系统预编码来抑制此干扰。由于每个基站集群都有自己的信号，所以这里的目标是对每个基站集群的信号都进行预编码，分别使其对雷达的干扰为零。因此，在干扰抑制模式下，式(3.34)中C_{T}个干扰项中的每一个都被强制归零。这可以通过设计相关联的预编码矩阵$\boldsymbol{F}_{i} \in \mathbb{C}^{M_iN_{\mathrm{BS}} \times K_iN_{\mathrm{UE}}}$来实现：

$$\tilde{\boldsymbol{H}}_{i,\mathrm{R}}^{*}\boldsymbol{F}_{i}\boldsymbol{d}_{i} = 0 \tag{3.35}$$

上述准则可通过以下条件满足

$$\boldsymbol{F}_{i}\boldsymbol{d}_{i} \in \mathcal{N}\left(\tilde{\boldsymbol{H}}_{i,\mathrm{R}}^{*}\right) \tag{3.36}$$

因此，对于$1 \leqslant i \leqslant C_{\mathrm{T}}$，发射通信信号必须位于$\tilde{\boldsymbol{H}}_{i,\mathrm{R}}$的左零空间。

3.2.3.1 雷达和通信两端零空间投影预编码的可行性

由于MIMO结构在雷达和通信系统两端都可用，因此很自然地想知道在两端都进行零空间投影预编码，以实现相互之间零干扰的可能性。通过以下命题对该选项的可行性进行解释。

命题1：在MIMO雷达和MIMO通信系统的频谱共存场景中，为避免干扰，在

任何一端进行零空间投影预编码都是可能的，但不能同时在两端都进行零空间投影预编码。

证明：3.2.1节已经说明，雷达为了消除对第i个CoMP集群的干扰，其预编码器会将投影矩阵减小至有效干扰信道的零空间$\tilde{\boldsymbol{H}}_{i,\mathrm{R}}$。非零预编码器($\boldsymbol{P}_{\mathrm{R},i}\neq 0$)存在的必要条件是雷达发射天线的数量大于集群中所有基站所需自由度之和，即必须满足

$$M_{\mathrm{R}} > M_i N_{\mathrm{BS}}$$

另外，3.2.3节也指出，第i个CoMP为了消除对雷达的干扰，其预编码器是有效干扰信道左零空间的投影矩阵$\tilde{\boldsymbol{H}}_{i,\mathrm{R}}$。非零预编码器($\boldsymbol{F}_i\neq 0$)存在的必要条件是雷达发射天线的数量小于集群中所有基站所需自由度之和，即必须满足

$$M_{\mathrm{R}} < M_i N_{\mathrm{BS}}$$

可以看出，在雷达和通信两端都实现零空间投影预编码是相互矛盾的两个条件，所以这种选择不可行。

3.2.4　用于协作模式的CoMP信号设计

在协作模式的第一阶段，CoMP系统主要帮助雷达对所有C_{T}个集群的$\tilde{\boldsymbol{H}}_{i,\mathrm{R}}$进行估计。本节采用文献[21]中介绍的信道估计技术，通过让第i个集群$\mathcal{M}_i$中的所有基站向雷达发送训练符号来实现估计，雷达则利用接收到的信号来估计$\tilde{\boldsymbol{H}}_{i,\mathrm{R}}$，并算出$\boldsymbol{P}_{\mathrm{R},i}/\boldsymbol{P}_{\mathrm{R}_s,i}$。由于这是一个CoMP系统，因此第$i$个集群$\mathcal{M}_i$中的基站可以在训练符号和传输功率的选择方面进行协作。进一步假设信道满足互易性，则从第m_i个基站到雷达发射机的信道为$\left(\boldsymbol{H}_{m_i,\mathrm{R}}\right)^*$。从集群中所有基站到雷达发射机的复合信道即为

$$\bar{\boldsymbol{H}}_{i,\mathrm{R}} = \left[\left(\boldsymbol{H}_{1,\mathrm{R}}\right)^*, \left(\boldsymbol{H}_{2,\mathrm{R}}\right)^*, \cdots, \left(\boldsymbol{H}_{M_i,\mathrm{R}}\right)^*\right] \tag{3.37}$$

由式(3.37)可以看出，$\tilde{\boldsymbol{H}}_{i,\mathrm{R}} = \left(\bar{\boldsymbol{H}}_{i,\mathrm{R}}\right)^*$。基站之间的协作将$\bar{\boldsymbol{H}}_{i,\mathrm{R}}$减少到标准MIMO信道。因此，通过使用标准MIMO信道估计算法，复合干扰信道的估计方程为[21]

$$\boldsymbol{y}_e = \sqrt{\frac{\rho}{M_i N_{\mathrm{BS}}}}\,\bar{\boldsymbol{H}}_{i,\mathrm{R}}\boldsymbol{s}_e + \boldsymbol{w}_e,\ 1 \leqslant e \leqslant L_{\mathrm{t}} \tag{3.38}$$

式中：L_{t}为进行估计的信道L使用的每个块起始位置的固定周期；$\boldsymbol{y}_e$和$\boldsymbol{w}_e$分别为e时刻M_{R}维的接收信号向量和噪声向量；$\boldsymbol{s}_e$为由e时刻第i个集群中所有通信基站发送的训练符号连接组成的一个$M_i N_{\mathrm{BS}}$维向量；ρ为各接收天线的平均信噪比

(Signal-to-Noise Ratio,SNR)。

$\bar{\boldsymbol{H}}_{i,\mathrm{R}}$的最大似然(Maximum Likelihood,ML)估计由下式给出[21]:

$$\hat{\bar{\boldsymbol{H}}}_{i,\mathrm{R}}(\mathrm{ML}) = \sqrt{\frac{M_i N_{\mathrm{BS}}}{\rho}}\boldsymbol{Y}\boldsymbol{S}^*\left(\boldsymbol{S}\boldsymbol{S}^*\right)^{-1} \tag{3.39}$$

式中:$\boldsymbol{Y} = \left[\boldsymbol{y}_1, \boldsymbol{y}_2, \cdots, \boldsymbol{y}_{L_t}\right]$;$\boldsymbol{W} = \left[\boldsymbol{w}_1, \boldsymbol{w}_2, \cdots, \boldsymbol{w}_{L_t}\right]$;$\boldsymbol{S} = \left[\boldsymbol{s}_1, \boldsymbol{s}_2, \cdots, \boldsymbol{s}_{L_t}\right]$。

选择使均方误差最小的最优训练符号,使得$\boldsymbol{S}\boldsymbol{S}^* = L_t \mathbf{1}_{M_i N_{\mathrm{BS}}}$。基站之间的协作需要选择最优的训练序列,因此对$\tilde{\boldsymbol{H}}_{i,\mathrm{R}}$的估计为

$$\hat{\tilde{\boldsymbol{H}}}_{i,\mathrm{R}} = \left[\hat{\bar{\boldsymbol{H}}}_{i,\mathrm{R}}(\mathrm{ML})\right]^* \tag{3.40}$$

3.2.5 舰船运动对雷达预编码器设计的影响

文献[22]已对舰船运动对雷达预编码器设计的影响问题进行了研究,并推导了舰载雷达和固定通信系统之间的信道相干时间。除了舰船的水平运动(速度)之外,文献中还考虑了由海洋引起的舰船垂直运动(颠簸),并推导出了航道相干时间的表达式。以海军在3.5GHz频段使用的AN/SPN43C空中交通管制(Air Traffic Control,ATC)雷达为对象,其PRI为1ms,通常安装在最高速度32kn的移动舰船上,同时假设雷达发射固定频率脉冲波形和扫频脉冲波形(在NTIA报告中分别称为P0N和Q3N)。据观察,相干时间大于2.5ms,而雷达的PRI为1ms甚至更小。由于PRI远小于相干时间,因此设计的预编码器和NSP/SSVSP即使在移动的舰载雷达上也能完美工作,不必担心信道状态信息(Channel State Information,CSI)过时问题。

3.2.6 两种工作模式与雷达PRI

在PRI = $1/f_{\mathrm{p}}$,其中f_{p}为重复频率,雷达会不断地切换两种工作模式和目标检测间隔。在PRI的第一部分,它将在短时间内以协作/认知模式运行,但这段时间对于雷达在PRI剩余时间的正常运行至关重要。在协作/认知模式的第一阶段,它基本处于认知模式,收集关于CoMP基站集群的所有信息,并估计自身与蜂窝网络之间的复合干扰信道。该模式的第二阶段与通知通信系统信道矩阵的雷达相关。基于协作/认知模式中收集的重要信息,雷达将进一步工作于干扰抑制模式。在该模式之后,它将在PRI的其余时间保持工作在目标检测模式。然后,重复循环相同的过程,如图3.4所示。图3.4中显示了不同工作模式与雷达PRI的流程关系,但并未展示协作模式的两个阶段。为了保证军用雷达的安全运行,雷达与通信系统的协作时间一般很短。

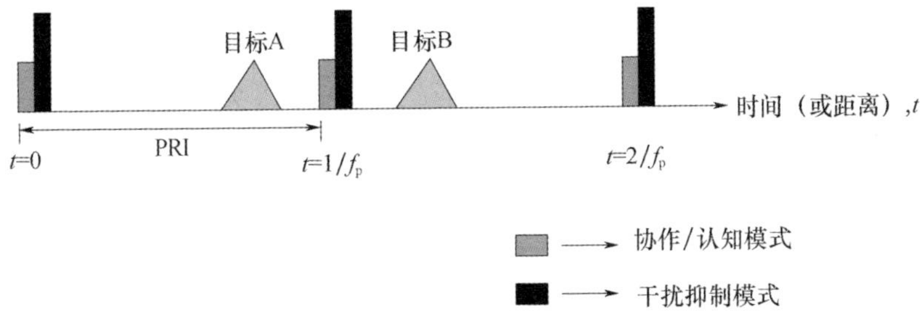

图3.4　工作模式与雷达PRI的关系

3.3　频谱共享算法

在3.2节干扰抑制模式相关背景理论的基础上，本节提出了两种实现SSSVSP的新算法。由于文献[2,23]已经给出了切换零空间投影的算法实现，因此这里不再赘述。

3.3.1　最优集群选择算法

最优集群选择算法如算法7所示，基于式(3.25)和式(3.26)的最优化准则来选择最优复合干扰信道。3.2节已经介绍，CSI通过信道估计技术获得。然后通过算法8找到在该时间间隔内所有可用集群的SSVSP矩阵。此外，算法8还计算预编码和原始雷达信号之间的差值，并将其返回算法7。一旦算法7接收到所有复合干扰信道的差值，它就选择与最优集群相关联的最优复合干扰信道，并将其发送到算法8用于SSVSP雷达信号。这就是整个系统的认知算法组成。

3.3.2　小奇异值空间投影算法

本节给出了小奇异值空间投影（SSVSP）算法。在第一个循环中，算法8从算法7获得复合干扰信道的CSI估计，使用SVD定理找到对应的小奇异值空间投影矩阵。并计算相关差值，将它们返回给算法7。在第二个循环中，从算法7接收与最优集群相关联的最优复合干扰信道矩阵后，最后通过执行另一个SVD来计算预编码的SSVSP雷达信号。

算法7 最优集群选择算法

循环：

循环1：对于 $i = 1:C_T$

估计 $\tilde{\boldsymbol{H}}_{i,\mathrm{R}}$ 的CSI

将 $\tilde{\boldsymbol{H}}_{i,\mathrm{R}}$ 送至算法8进行小奇异值空间计算

从算法8接收 $\left\| \boldsymbol{P}_{\mathrm{R}_s,i}\boldsymbol{x}_{\mathrm{R}} - \boldsymbol{x}_{\mathrm{R}} \right\|_2$ 的值

结束循环1

寻找 $i_{\min} = \underset{1 \leqslant i \leqslant C_T}{\arg\min} \left\| \boldsymbol{P}_{\mathrm{R}_s,i}\boldsymbol{x}_{\mathrm{R}} - \boldsymbol{x}_{\mathrm{R}} \right\|_2$

令 $\breve{\boldsymbol{H}} = (\tilde{\boldsymbol{H}}_{i,\mathrm{R}})_{i_{\min}}$ 为与最优集群相关联的最优复合干扰信道

把 $\breve{\boldsymbol{H}}$ 送至算法8获取SSVSP雷达波形

结束循环

算法8 小奇异值空间投影(SSVSP)算法算法

条件1：由算法7得到 $\tilde{\boldsymbol{H}}_{i,\mathrm{R}}$

对 $\tilde{\boldsymbol{H}}_{i,\mathrm{R}}$ 进行SVD(即 $\tilde{\boldsymbol{H}}_{i,\mathrm{R}} = \tilde{\boldsymbol{U}}_i\tilde{\boldsymbol{S}}_i\tilde{\boldsymbol{V}}_i^*$)

求小奇异值空间投影矩阵 $\boldsymbol{P}_{\mathrm{R}_s,i} = \bar{\boldsymbol{V}}_{s,i}\bar{\boldsymbol{V}}_{s,i}^*$

计算 $\left\| \boldsymbol{P}_{\mathrm{R}_s,i}\boldsymbol{x}_{\mathrm{R}} - \boldsymbol{x}_{\mathrm{R}} \right\|_2$

将 $\left\| \boldsymbol{P}_{\mathrm{R}_s,i}\boldsymbol{x}_{\mathrm{R}} - \boldsymbol{x}_{\mathrm{R}} \right\|_2$ 返回算法7

结束条件1

条件2：由算法7得到 $\breve{\boldsymbol{H}}$

对 $\breve{\boldsymbol{H}}$ 进行奇异值分解(即 $\breve{\boldsymbol{H}} = \breve{\boldsymbol{U}}\breve{\boldsymbol{S}}\breve{\boldsymbol{V}}^*$)

求小奇异值空间投影矩阵 $\breve{\boldsymbol{P}}_{\mathrm{R}_s} = \breve{\bar{\boldsymbol{V}}}_s\breve{\bar{\boldsymbol{V}}}_s^*$

计算SSVSP雷达信号 $\breve{\boldsymbol{x}}_{\mathrm{R}_s} = \breve{\boldsymbol{P}}_{\mathrm{R}_s}\boldsymbol{x}_{\mathrm{R}}$

结束条件2

3.4 雷达预编码器的理论性能分析

前面几节主要是为设计的雷达预编码器的性能奠定理论基础。如3.2.1节所示，$\tilde{\boldsymbol{H}}_{i,\mathrm{R}}$ 的零空间是由 $\bar{\boldsymbol{V}}_i$ 构成的子空间 $\mathrm{Span}\left\{\bar{\boldsymbol{V}}_i\right\}$，$\bar{\boldsymbol{V}}_i$ 由 $\tilde{\boldsymbol{V}}_i$ 中最右边的 $M_{\mathrm{R}} - M_iN_{\mathrm{BS}}$ 列对应于 $\tilde{\boldsymbol{H}}_{i,\mathrm{R}}$ 的零奇异值组成。由于 $\tilde{\boldsymbol{V}}_i$ 是一个酉矩阵，它的列构成一个正交集，它的行也构成一个正交集。这导致 $\bar{\boldsymbol{V}}_i$ 由一组正交列和一组非正交行组成，因为 $\bar{\boldsymbol{V}}_i$ 的行实际上是对应酉矩阵正交行的一部分。如图3.5显示了矩阵

$\bar{V}_i$如何随M_R、M_i和N_{BS}的变化而变化,并导致零空间以及CRB变化。因此,预编码矩阵$P_{R,i}$从$\left(\bar{V}_i(\bar{V}_i^*\bar{V}_i)^{-1}\bar{V}_i^*\right)$化简成$\bar{V}_i\bar{V}_i^*$,因为它是正交列的相关矩阵,$\bar{V}_i^*\bar{V}_i = 1_{M_R - M_i N_{BS}}$。

$$V_i \in \mathbb{C}^{M_R \times (M_R - M_i N_{BS})}$$

$$V_i = \begin{bmatrix} v_{11} & v_{12} & \cdots & v_1(M_i N_{BS}) & v_1(M_i N_{BS}+1) & \cdots & v_{1M_R} \\ v_{21} & v_{22} & \cdots & v_2(M_i N_{BS}) & v_2(M_i N_{BS}+1) & \cdots & v_{2M_R} \\ \vdots & \vdots & & \vdots & \vdots & & \vdots \\ v_{M_R 1} & v_{M_R 1} & \cdots & v_{M_R}(M_i N_{BS}) & v_{M_R}(M_i N_{BS}+1) & \cdots & v_{M_R M_R} \end{bmatrix}$$

V_i随着$M_i N_{BS}$的减小和M_R保持不变而增大的方向　　　V_i随着M_R的增大和$M_i N_{BS}$保持不变而增大的方向

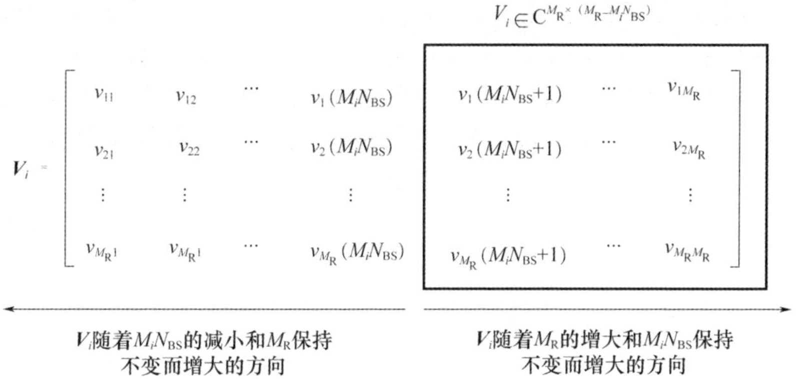

图3.5　零空间变化示意图

另外,作为V_i非正交行的相关矩阵,预编码矩阵包括实对角元素和非零非对角元素。预编码矩阵把正交的原始雷达信号x_R变成了非正交的预编码雷达信号$\tilde{x}_R$。这种预编码器虽然消除了对第i个集群$\mathcal{M}_i$中所有基站的雷达干扰,但它影响了雷达探测信号的空间相关性,并将它们的相干矩阵从单位矩阵变为具有非零非对角元素的矩阵。对于预编码雷达信号,因为$E[x_R x_R^*] = 1_{M_R}$,相干矩阵满足$R_{x,i} = E[\tilde{x}_R \tilde{x}_R^*] = P_{R,i} E[x_R x_R^*] P_{R,i}^* = P_{R,i} P_{R,i}^*$。

图3.5还反映了这样一个事实,即随着$M_R - M_i N_{BS}$增加(保持M_R不变而减小$M_i N_{BS}$),V_i的行更接近标准正交,因为它覆盖了相应酉矩阵行的更多元素。因此,具有更多正交行向量的更宽的零空间导致预编码雷达信号相关性更小,从而改善CRB。随着$M_R - M_i N_{BS}$增加(保持$M_i N_{BS}$不变而增加M_R),也可得到类似的结论。通过SSVSP,V_i以类似的方式被扩展到$V_{s,i}$。与V_i相比,$V_{s,i}$有更多的列和更大部分的V_i的行,这导致与NSP相比,CRB有所改善。

3.5　仿真结果

本节根据CRB比较MIMO雷达分别在使用和不使用雷达预编码器时的目标方向估计性能,分析使用SNSP或SSVSP时每个基站的天线数量、每个集群的基站数量以及雷达天线数量等不同参数条件的影响。此外,还研究了零空间估计误差和雷达对集群干扰对目标方向估计的影响。仿真中假设目标到雷达阵列的距离和雷达阵元间距分别为r_0=5km和3λ/4，工作频率为3.5GHz，雷达和目标之间的信噪比用SNR表示，雷达和CoMP系统的基站集群之间的相同参数用ρ表示，假设目标方向为$\theta = 0°$。

3.5.1 干扰抑制预编码器的性能分析

图3.6展示了在MIMO雷达和蜂窝系统之间的频谱共享场景中正交雷达信号以及带有估计CSI的NSP和SSVSP预编码雷达信号的雷达CRB性能。假设雷达天线阵元为M_R=100，集群大小M_i=3。

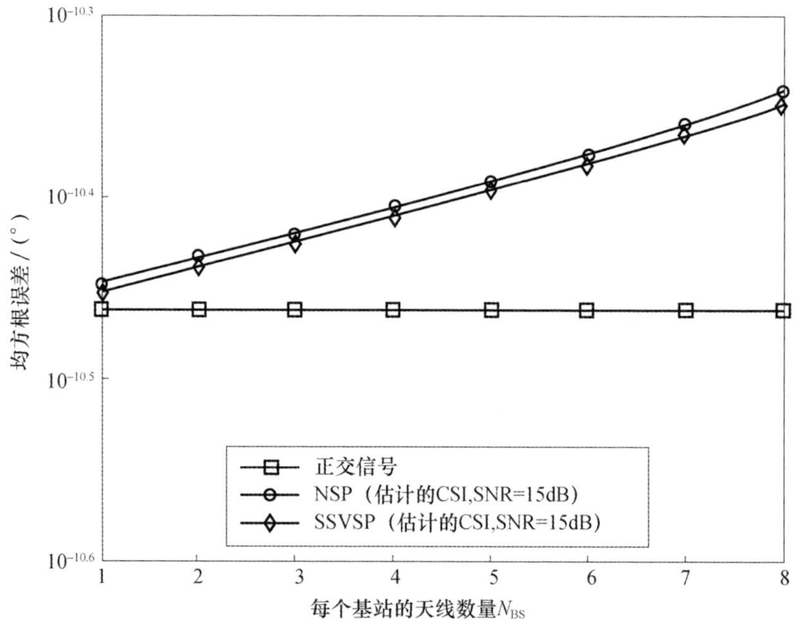

图3.6　目标方向估计CRB随每个基站天线数目变化的关系

从雷达目标探测能力的角度来看，SSVSP比NSP表现得更好，并且随着N_{BS}的增加，雷达的目标探测性能下降。这是因为当M_R和M_i保持不变时，随着N_{BS}的增加，$(M_R - M_i N_{BS})$减小。所以$\tilde{\boldsymbol{H}}_{i,R}$的零空间收缩从而对预编码器产生影响，降低CRB($\theta$)性能。

图3.7分析了雷达天线数量M_R对雷达CRB性能的影响，假设集群大小M_i=3，每个基站的天线数目N_{BS}=8。式(3.12)表明CRB依赖于M_R，且随着M_R的增加而增加。对于预编码雷达信号，M_R增大导致$\tilde{\boldsymbol{H}}_{i,R}$的零空间扩大，从而影响$\boldsymbol{P}_{R,i}$选择、改善CRB性能。该图表明，增加雷达天线的数量可以补偿由于预编码雷达信号

的相关性所带来的目标方向估计性能下降。因此,对于一个给定目标的均方根误差(Root-Mean-Square-Error,RMSE),当雷达采用预编码器使其对集群的干扰为零或最小化时,必须增加雷达天线的数量。

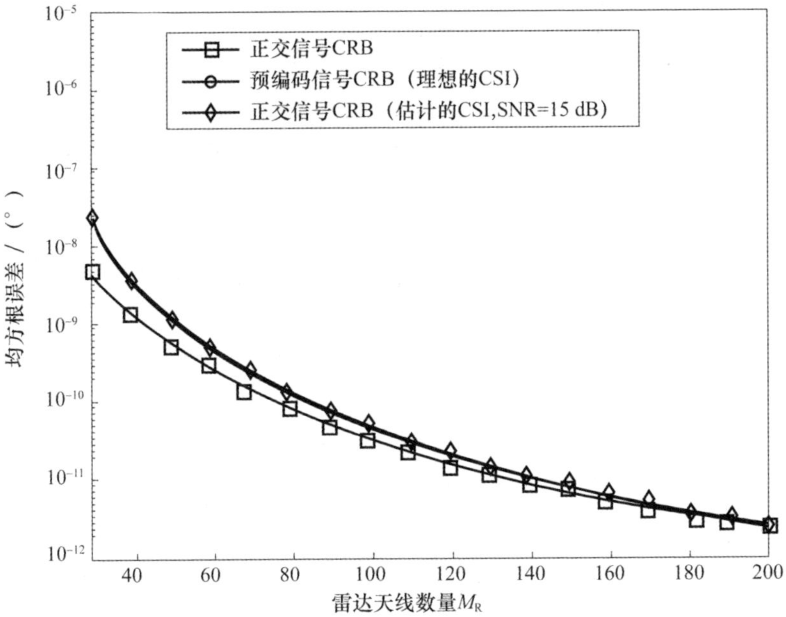

图3.7　雷达天线数量对雷达性能CRB的影响

图3.8分析了基站集群雷达干扰与集群中基站数量M_i变化关系图,设置雷达天线阵元$M_R = 100$,每个基站天线数目$N_{BS} = 6$。在图3.8中,使用Frobenius范数$\sum_{m_i=1}^{M_i}\left\| \boldsymbol{H}_{m_i,R}\boldsymbol{P}_{R,i} \right\| F$来衡量集群上的干扰效应。随着时间增加,训练阶段的干扰减弱,L_t增加,然而随着$\tilde{\boldsymbol{H}}_{i,R}$信息的完善,$L_t$最终会完全消除。因此,估计的CSI会随着时间的增加接近理想CSI。图3.8也说明,从集群干扰的角度来看,在很大程度上NSP优于SSVSP。对于NSP,当M_R和M_i保持不变,随着M_i增加,$(M_R - M_iN_{BS})$减小,因此$\tilde{\boldsymbol{H}}_{i,R}$的零空间单调递减,通信系统中干扰随之单调递增。对于SSVSP,为使通信系统中的干扰最小,通过合并最小奇异值对应的子空间来扩展零空间。因此,在保持M_R和M_i不变的基础上增加M_i,最终可以得到递减的最小奇异值,从而减少通信系统的干扰泄漏。图3.8中的凸曲线形状表明,首先随着M_i增加,零空间的收缩在某点处超过了最小奇异值的减少,因此干扰增大。此后,随着M_i的进一步增加,最小奇异值的减少超过了零空间的收缩,因此干扰减小。

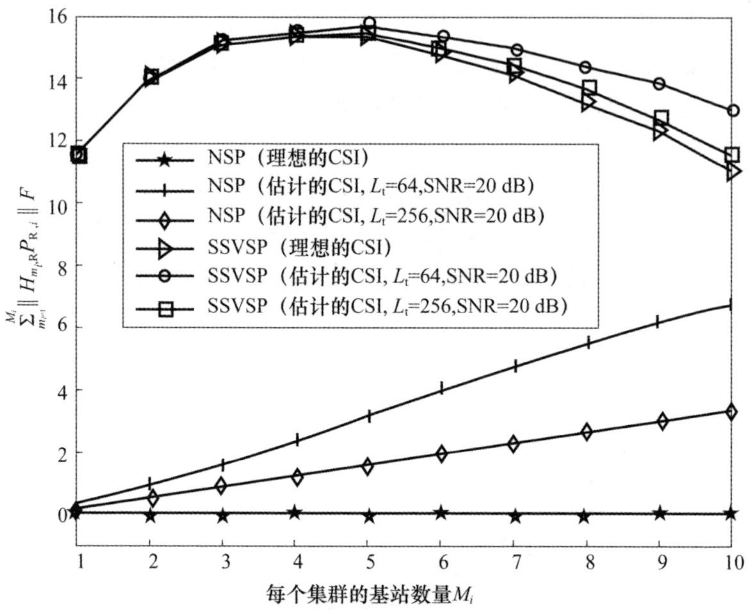

图3.8　基站集群雷达干扰与集群中基站数量变化的关系图

图3.9给出了在MIMO雷达和蜂窝系统的频谱共享场景下具有NSP和SSVSP切换的在雷达不同天线阵元数量M_R下的雷达目标估计能力。在估计CSI时，集

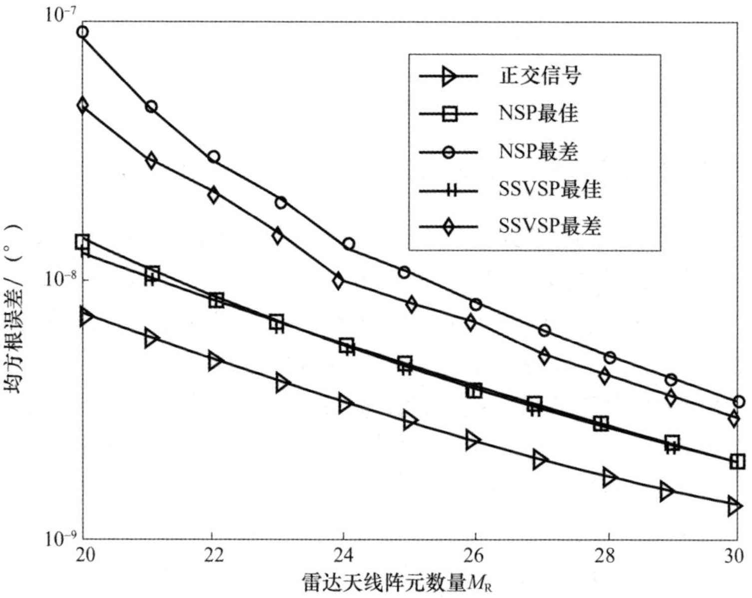

图3.9　不同天线阵元数量下目标CRB方向的估计结果

群大小设置为$M_i = 3$。雷达波束扫过4个集群,即$C_T = 4$。通过改变每个基站的天线数量来改变集群零空间维度,有$\left[N_{BS} = \{6,5,4,3\}\right]$。显然,当波束被投影到与预编码雷达信号的最大零空间或最小偏差相关的最优集群上时,两种波束扫描方法都提高了雷达性能。即使在最差的情况下,SSVSP的表现都优于SNSP。

3.5.2　信息交换预编码器的性能分析

图3.10展示了基站集群在协作模式第二阶段中频谱共享场景的误码率。这里假设共有4个基站,即$M = 4$。在仿真过程中保证$M_R \geqslant D_R$以得到非奇异的信道矩阵。显然,ZF预编码优于MMSE预编码。增加雷达天线数量是明显缩小两种预编码方法性能差距的有效途径。

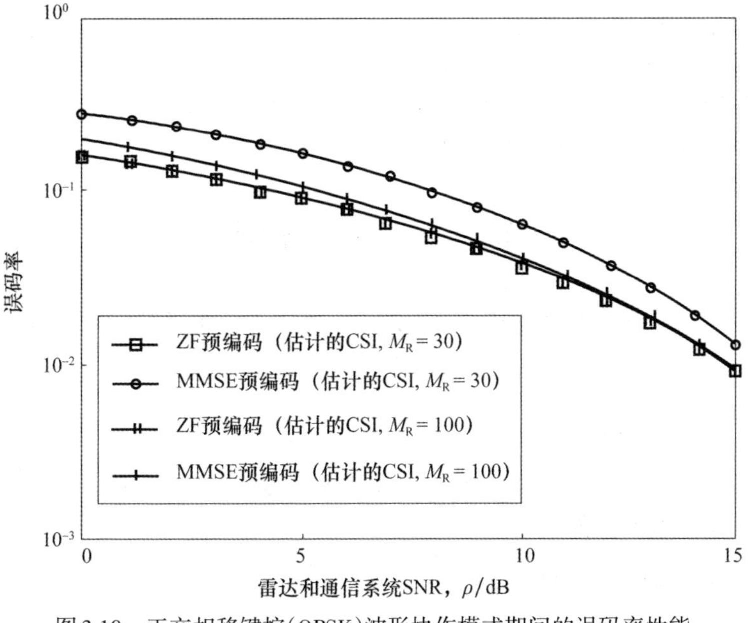

图3.10　正交相移键控(QPSK)波形协作模式期间的误码率性能

3.6　小　结

本章在MIMO雷达与CoMP商用通信系统频谱共存的情况下进行了舰载雷达的预编码器设计。本章设计了两种雷达工作模式(当雷达试图避免干扰通信系统时的干扰抑制模式以及雷达与CoMP系统交换信息时的协作/认知模式)的预编码器。

对于干扰抑制模式,雷达将波束指向基站的最优集群,并持续将波束从一个最优集群切换到另一个最优集群。在传统SNSP下,最优性取决于集群的最大无效性。因此,本章提出了一种新的空间投影和切换方法,引导波束照射到最优集群的小奇异值空间,基于预编码和原始雷达信号之间的最小差异来选择集群的最优性。SSSVSP在防止通信系统被雷达的大功率信号烧毁或功率饱和的约束下,允许雷达功率向通信系统方向泄漏牺牲了雷达目标定位能力,从而得到更优的干扰抑制能力。

在协作模式下,基于ZF准则和MMSE准则设计了雷达预编码器以降低基站的误码率,实现有效的检测。虽然在雷达处引入预编码是为了减少无干扰模式下基站集群处的雷达干扰,但会导致雷达探测信号失去正交性,从而降低雷达的目标参数估计性能。SSSVSP在一定程度上可减小这种影响,但通过增加雷达天线阵元数量的方式效果更好。

此外,本章通过修改现用户而非二级用户的信号,尝试突破前两代频谱共享传统的界限,通过设计未来的联邦系统来开辟新路,实现并积极促进更为有效的频谱共享,这种共享的增加将会刺激新的经济增长。

3.7 MATLAB代码

本节给出了图3.6~图3.10的生成代码,展示了本章设计的雷达预编码器的性能。

3.7.1 干扰抑制模式

下面几小节给出了图3.6、图3.8和图3.9的生成代码,分析了干扰抑制模式下雷达预编码器的性能。

3.7.1.1 图3.6的MATLAB代码

```
%CRB随每个基站天线数目变化关系
K=3;%集群中基站数目
M_k=8*ones(1,K);%第k个发射机天线阵元数目
N_k=8*ones(1,K);% 第k个接收机天线阵元数目
M_R=100;%雷达发射天线阵元数目
N_R=100;%雷达接收天线阵元数目
r_o=5000;%目标与雷达阵列的距离,m
fc=3.5e9;%频段,Hz
c=3e8;%光速,m/s
```

```
lamda=c/fc;
d=3*lamda/4;%雷达阵元间距
theta=0;%目标方向,(°)
L_b=1024;%块长度
L_t=512;%通道估计部分块长度,由于使用哈德曼方法须为2的整数幂
SNR=15;%雷达接收回波信噪比,dB
snr=10^(SNR/10);
DoF=[1:8];
rho_dB=[20];%系统中雷达平均信噪比
rho_ratio=10.^(rho_dB/10);
noise_v=sqrt(1./rho_ratio);
%%导向向量与其差值
a_t=steering_ULA(theta,M_R,fc,d);
a_r=steering_ULA(theta,N_R,fc,d);
a_tdiff=diff_steering_ULA(theta,M_R,fc,d);
a_rdiff=diff_steering_ULA(theta,N_R,fc,d);
%*************************************************
%雷达目标检测数据产生
%*************************************************
%脉冲生成:正交波形S(M_RxL)
%使得(1/L)*S*S'为单位矩阵
s=(1/sqrt(2))*(hadamard(L_b)+1i*hadamard(L_b));
s=s(1:M_R,:);
Rs=(1/L_b)*s*s';
%*************************************************
%通信接收机至雷达发射机之间的复合信道估计
%*************************************************
for n=1:8
for x=1:100
d_k=n*ones(1,K);%自由度
d_ksum=sum(d_k);
%训练符号生成
S=(1/sqrt(2))*(hadamard(L_t)+1i*hadamard(L_t));%
L_t>d_ksum
```

```
    S=S(1:d_ksum,:);
    %复合信道生成
    H_bar=zeros(M_R,d_ksum);
    for a=1:K
    H_kR=randn(d_k(a),M_R)+1i*randn(d_k(a),M_R);
    if(a==1)
    dim=1:d_k(a);
    else
        dim=(sum(d_k(1:a-1))+1):(sum(d_k(1:a)));
    end
    H_bar(:,dim)=H_kR';
    end
    H_real=H_bar';
    %%理想CSI的零空间计算
    [U_per,B_per,V_per]=svd(H_real);%H的SVD分解
    %选择相应的奇异值低于阈值sigma的特征向量
    if n==1
    B1=B_per(n,n);
    else
    B1=diag(B_per)';
    end
    [row1,col1]=find(B1==0); %寻找奇异值小于阈值的列
    col=[col1 d_ksum+1:M_R];
    V_tilda1=V_per(:,col); %挑选出V中相应的列
    P_R1=V_tilda1*V_tilda1';
    Rs_null_per=P_R1*P_R1';
    cb(x)=CRB(Rs,a_t,a_tdiff,a_rdiff,N_R,snr);
    cb_per(x)=CRB(Rs_null_per,a_t,a_tdiff,a_rdiff,N_R,
snr);
    %%SSVSP
    ss1=length(B1);
    colms=[ss1 d_ksum+1:M_R];
    V_tildalms=V_per(:,colms); %V挑选出V中相应的列
    P_R1ms=V_tildalms*V_tildalms';
```

```
    Rs_null_perms=P_R1ms*P_R1ms';
    cb_perms (x) = CRB(Rs_null_perms,a_t,a_tdiff,a_rdiff,
N_R,snr);
    for r=1:length(noise_v)
    %AWGN生成
    W=sqrt (noise_v(r)) *(randn(M_R, L_t) +1i * randn (M_R,
L_t));
    %整个训练周期内的雷达接收信号
    Y=zeros (M_R,L_t);
    for b=1:L_t
    Y (: , b ) = sqrt ( rho_ratio (r)/d_ksum )*H_bar *S (: , b) +W
(:,b);
    end
    %复合信号的ML估计
    H_barest=sqrt(d_ksum/rho_ratio(r))*Y*S'*inv(S*S');
    H_est=H_barest';
    %%估计CSI的零空间计算
    [U_es,A_es,V_es]=svd(H_est);%H的SVD分解
    %选择相应的奇异值低于阈值sigma的特征向量
    ifn==1
    A1=A_es(n,n);
    else
    A1=diag(A_es)';
    end
    [row2,col2]=find(A1==0);%寻找奇异值小于阈值的列
    co2=[col2d_ksum+1:M_R];
    V_tilda2=V_es(:,co2);%挑选出V中相应的列
    P_R2 =V_tilda2*V_tilda2';
    Rs_null_wchest=P_R2*P_R2';
    cb_wchest(r , x ) = CRB ( Rs_null_wchest , a_t , a_tdiff ,
a_rdiff,...
    N_R, snr);
    %%SSVSP
    ss2=length(A1);
```

```
co2ms=[ss2d_ksum+1:M_R];
V_tilda2ms=V_es(:,co2ms);%挑选出V中相应的列
P_R2ms=V_tilda2ms*V_tilda2ms';
Rs_null_wchestms=P_R2ms*P_R2ms';
cb_wchestms(r,x)=CRB(Rs_null_wchestms,a_t,a_tdiff,...
a_rdiff,N_R,snr);
end
end
crb(n)=mean(cb);
crb_null_wchest1(n)=mean(cb_wchest(1,:));
crb_ms_wchest1s(n)=mean(cb_wchestms(1,:));
crb_null_per(n)=mean(cb_per);
crb_ms_per(n)=mean(cb_perms);
end
%%CRB曲线作图
figure(1)
semilogy(DoF,crb,'-bs','LineWidth',2)
axis([1 8 10^(-10.6) 10^(-10.30)])
hold on
semilogy(DoF,abs(crb_null_wchest1),'-ro','LineWidth',2)
hold on
semilogy(DoF,abs(crb_ms_wchest1s),'-kd','LineWidth',2)
xlabel('Number of antennas per BS(N_{BS})','fontsize',14)
ylabel('RMSE(degree)','fontsize',14)
legend('Location','Best','orthogonal signals',...
'NSP(estimated CSI, SNR=15 dB )', 'SSVSP(estimated CSI,
SNR=15 dB)')
hold off
```

3.7.1.2 图3.8的MATLAB代码

```
%雷达干扰与基站/集群数目的变化关系
K=(1:10);%每个集群中的基站数目
M_k=6*ones(1,length(K));
N_k=6*ones(1,length(K));
M_R=100;%雷达发射天线阵元数目
```

```
N_R=100;%雷达接收天线阵元数目
L_b=512;%块长度
L_t=[64 256];%通道估计部分块长度,由于使用哈德曼方法须为2的整
数幂
SNR=20;%雷达接收回波信噪比,dB
snr=10^(SNR/10);
rho_dB=20;
rho_ratio=10^(rho_dB/10);
noise_v=sqrt(1/rho_ratio);
%****************************************
%通信接收机至雷达发射机之间的复合信道估计
%****************************************
for n=1:length(K)
d_k=6*ones(1,n);%第k个用户的自由度
d_ksum=sum(d_k);
for x=1:100
%****************************
%复合信道生成
%****************************
H_kR=zeros(N_k(1),n*M_R);
H_bar=zeros(M_R,d_ksum);
for a=1:n
H_kR(:,(a-1)*M_R+1:a*M_R)=randn(N_k(a),M_R)+1i*
randn(N_k(a),M_R);
if(a==1)
dim=1:d_k(a);
else
dim=(sum(d_k(1:a-1))+1):(sum(d_k(1:a)));
end
H_bar(:,dim)=(H_kR(:,(a-1)*M_R+1:a*M_R))';
end
H_real=H_bar';
%***************************************
%%理想CSI的零空间计算
```

```
%****************************************
[U_per,B_per,V_per]=svd(H_real);%H的SVD分解
%选择相应的奇异值低于阈值sigma的特征向量
if d_ksum==1
B=B_per(d_ksum,d_ksum);
else
B=diag(B_per)';
end
[row1,col1]=find(0==B); %寻找奇异值低于阈值的列
col=[col1 d_ksum+1:M_R];
V_tilda1=V_per(:,col); %挑选出V中相应的列
P_Real =V_tilda1*V_tilda1';
frob_per(x)=0;
for z=1:n
interf_per=(H_kR(:,(z-1)*M_R+1:z*M_R))*P_Real;
frob_per(x)=frob_per(x)+norm(interf_per,'fro');
end
%%SSVSP
ss1=length(B);
colms=[ss1 d_ksum+1:M_R];
V_tilda1ms=V_per(:,colms);%挑选出V中相应的列
P_R1ms =V_tilda1ms*V_tilda1ms';
frob_perss(x)=0;
for zs=1:n
interf_perss=(H_kR(:,(zs-1)*M_R+1:zs*M_R))*P_R1ms;
frob_perss(x) = frob_perss(x) + norm (interf_perss ,
'fro');
end
for r=1:length(L_t)
%****************************
%训练符号生成
%****************************
S = (1/ sqrt ( 2 ) ) *( hadamard (L_t(r)) +1i* hadamard (L_t
(r)));%L_t>d_ksum
```

```
    S=S(1:d_ksum,:);
    %AWGN生成
    W=sqrt(noise_v)*(randn(M_R,L_t(r))+1i*randn(M_R,
L_t(r)));
    %整个训练周期中的雷达接收信号
    Y=zeros(M_R,L_t(r));
    for b=1:L_t(r)
    Y(:,b)=sqrt(rho_ratio/d_ksum)*H_bar*S(:,b)+W(:,
b);
    end
    %复合信道的ML估计
    H_barest=sqrt(d_ksum/rho_ratio)*Y*S'*inv(S*S');
    H_est=H_barest';
    %*****************************************
    %%理想CSI的零空间计算
    %*****************************************
    [U_es,A_es,V_es]=svd(H_est);%H的SVD分解
    %选择相应的奇异值低于阈值sigma的特征向量
    if d_ksum==1
    A=A_es(d_ksum,d_ksum);
    else
    A=diag(A_es)';
    end
    [row2,col2]=find(0==A);%寻找奇异值小于阈值的列
    co2=[col2 d_ksum+1:M_R];
    V_tilda2=V_es(:,co2);%挑选出V中相应的列
    P_Rest=V_tilda2*V_tilda2';
    frob_wchest(r,x)=0;
    for z=1:n
    interf_wchest=(H_kR(:,(z-1)*M_R+1:z*M_R))*P_Rest;
    frob_wchest(r, x) = frob_wchest(r, x) + norm(in-
terf_wchest,'fro');
    end
    %%SSVSP
```

```
    ss2=length(A);
    co2ms=[ss2d_ksum+1:M_R];
    V_tilda2ms=V_es(:,co2ms); %挑选出V中相应的列
    P_R2ms=V_tilda2ms*V_tilda2ms';
    frob_wchestss(r,x)=0;
    forzs=1:n
    interf_wchestss = (H_kR (: , (zs - 1) * M_R + 1 : zs *M_R))
*P_R2ms;
    frob_wchestss(r, x) = frob_wchestss(r, x) +norm(in-
terf_wchestss,'fro');
    end
    end
    end
    frob_null_wchest1(n)=mean(frob_wchest(1,:));
    frob_null_wchest2(n)=mean(frob_wchest(2,:));
    frob_null_per(n)=mean(frob_per);
    frob_ssvsp_wchest1(n)=mean(frob_wchestss(1,:));
    frob_ssvsp_wchest2(n)=mean(frob_wchestss(2,:));
    frob_ssvsp_per(n)=mean(frob_perss);
    end
    %%CRB曲线作图
    figure(1)
    plot(K,frob_null_per,'-mp','LineWidth',2)
    axis([110-116])
    hold on
    plot(K,frob_null_wchest1,'-c+','LineWidth',2)
    hold on
    plot(K,frob_null_wchest2,'-gd','LineWidth',2)
    hold on
    plot(K,frob_ssvsp_per,'-r.','LineWidth',2)
    hold on
    plot(K,frob_ssvsp_wchest1,'-ko','LineWidth',2)
    hold on
    plot(K,frob_ssvsp_wchest2,'-bs','LineWidth',2)
```

```
    xlabel('NumberofBSspercluster(M_i)','fontsize',14)
    ylabel('\Sigma_{m_i=1}^{M_i}||H_{m_i,R}P_{R,i}||_F',
'fontsize',14)
    legend('Location','Best','NSP(perfectCSI)',...
    'NSP(estimatedCSI,Lt=64,SNR=20dB)',...
    'NSP(estimatedCSI,Lt=256,SNR=20dB)',...
    'SSVSP(perfect CSI)','SSVSP(estimated CSI,Lt=64,SNR=
20dB)',...
    'SSVSP(estimatedCSI,Lt=256,SNR=20dB)')
    hold off
```

3.7.1.3 图3.9的MATLAB代码

```
    %不同天线阵元数量下NSP与SSVSP最佳与最差性能
    C=4;%集群数目
    K=3;集群中的基站数目
    M_k=[6543];
    N_k=[6543];
    M_R=(20:30);%雷达发射天线阵元数目
    N_R=(20:30);%雷达接收天线阵元数目
    L_b=512;%块长度
    L_t=256;
    SNR=[20];%雷达接收回波信噪比,dB
    snr=10.^(SNR/10);
    DoF=[1:M_k];
    rho_dB=[15];
    rho_ratio=10.^(rho_dB/10);
    noise_v=sqrt(1./rho_ratio);
    %****************************************
    %通信接收机至雷达发射机之间的复合信道估计
    %****************************************
    for n=1:length(M_R)
    %导向向量及其差异
    a_t=steering_ULA(theta,M_R(n),fc,d);
    a_r=steering_ULA(theta,N_R(n),fc,d);
    a_tdiff=diff_steering_ULA(theta,M_R(n),fc,d);
```

```
a_rdiff=diff_steering_ULA(theta,N_R(n),fc,d);
s=(1/sqrt(2))*(hadamard(L_b)+1i*hadamard(L_b));
s1=s(1:M_R(n),:);
Rs=(1/L_b)*s1*s1';
for x=1:100
H_mem=zeros(K*max(M_k),C*M_R(n));
for p=1:C
d_k=M_k(p)*ones(1,K);%自由度
d_ksum=sum(d_k);
%复合信道生成
H_bar=zeros(M_R(n),d_ksum);
for a=1:K
H_kR=(randn(d_k(a),M_R(n))+1i*randn(d_k(a),M_R(n)));
if(a==1)
dim=1:d_k(a);
else
dim=(sum(d_k(1:a-1))+1):(sum(d_k(1:a)));
end
H_bar(:,dim)=H_kR';
end
H_real=H_bar';
H_mem(1:K*M_k(p),(p-1)*M_R(n)+1:p*M_R(n))=H_bar';
%%理想CSI的零空间计算
[U_per,B_per,V_per]=svd(H_real);%H的SVD分解
%选择相应的奇异值低于阈值sigma的特征向量
if d_ksum==1
B1=B_per(d_ksum,d_ksum);
else
B1=diag(B_per)';
end
[row1,col1]=find(B1==0);%寻找奇异值小于阈值的列
col=[col1d_ksum+1:M_R(n)];
nlty(p)=length(col);
%%SSVSP
```

```
ss1=length(B1);
co1ms=[ss1d_ksum+1:M_R(n)];
V_tilda1ms=V_per(:,co1ms); %挑选出V中相应的列
P_R1ms =V_tilda1ms*V_tilda1ms';
sig_rad=s(1:M_R(n),1);
diff=P_R1ms*sig_rad-sig_rad;
metric(p)=norm(diff);
end
%%%nsp
[best_nsp,I_best_nsp]=max(nlty);
H_best=H_mem(1:M_k(I_best_nsp),...
(I_best_nsp-1)*M_R(n)+1:I_best_nsp*M_R(n));
[worst_nsp,I_worst_nsp]=min(nlty);
H_worst=H_mem(1:M_k(I_worst_nsp),...
(I_worst_nsp-1)*M_R(n)+1:I_worst_nsp*M_R(n));
%%理想CSI的零空间计算
[U_bn,B_bn,V_bn]=svd(H_best); %H的SVD分解
%%
%选择相应的奇异值低于阈值sigma的特征向量
d_k=M_k(I_best_nsp)*ones(1,K);%DoF
d_ksum=sum(d_k);
if d_ksum==1
B1_bn=B_bn(d_ksum,d_ksum);
else
B1_bn=diag(B_bn)';
end
[rowbn,colbn]=find(B1_bn==0);%寻找奇异值小于阈值的列
cobn=[colbnd_ksum+1:M_R(n)];
V_tildabn=V_bn(:,cobn);%挑选出V中相应的列
P_Rbn =V_tildabn*V_tildabn';
Rs_bn=P_Rbn*P_Rbn';
cb(x)=CRB(Rs,a_t,a_tdiff,a_rdiff,M_R(n),snr);%正交
信号
cb_best_nsp(x) = CRB( Rs_bn , a_t , a_tdiff , a_rdiff , M_R
```

```
(n),snr);
    %%理想CSI的零空间计算
    [U_wn,B_wn,V_wn]=svd(H_worst);%H的SVD分解
    %%
    %选择相应的奇异值低于阈值sigma的特征向量
    d_k=M_k(I_worst_nsp)*ones(1,K);%自由度
    d_ksum=sum(d_k);
    if d_ksum==1
    B1_wn=B_wn(d_ksum,d_ksum);
    else
    B1_wn=diag(B_wn)';
    end
    [rowwn,colwn]=find(B1_wn==0);%寻找奇异值小于阈值的列
    cown=[colwn d_ksum+1:M_R(n)];
    V_tildawn=V_wn(:,cown);%挑选出V中相应的列
    P_Rwn=V_tildawn*V_tildawn';
    Rs_wn=P_Rwn*P_Rwn';
    cb_worst_nsp(x)=CRB(Rs_wn,a_t,a_tdiff,a_rdiff,M_R
(n),snr);
    %%%ssvsp
    [best_vsp,I_best_vsp]=min(metric);
    H_best_v=H_mem(1:M_k(I_best_vsp),...
    (I_best_vsp-1)*M_R(n)+1:I_best_vsp*M_R(n));
    [worst_vsp,I_worst_vsp]=max(metric);
    H_worst_v=H_mem(1:M_k(I_worst_vsp),...
    (I_worst_vsp-1)*M_R(n)+1:I_worst_vsp*M_R(n));
    %%理想CSI的零空间计算
    [U_bv,B_bv,V_bv]=svd(H_best_v);%H的SVD分解
    %%
    %选择相应的奇异值低于阈值sigma的特征向量
    d_k=M_k(I_best_vsp)*ones(1,K);%自由度
    d_ksum=sum(d_k);
    if d_ksum==1
    B1_bv=B_bv(d_ksum,d_ksum);
```

```
else
 B1_bv=diag(B_bv)';
 end
[rowbv,colbv]=find(B1_bv==0);%寻找奇异值小于阈值的列
ss1_bv=length(B1_bv);
cobv=[ss1_bvd_ksum+1:M_R(n)];
V_tildabv=V_bv(:,cobv);%挑选出V中相应的列
P_Rbv =V_tildabv*V_tildabv';
Rs_bv=P_Rbv*P_Rbv';
cb_best_vsp(x)=CRB(Rs_bv,a_t,a_tdiff,a_rdiff,M_R
(n),snr);
%%理想CSI的零空间计算
[U_wv,B_wv,V_wv]=svd(H_worst_v); %H的SVD分解
%%
%选择相应的奇异值低于阈值sigma的特征向量
d_k=M_k(I_worst_vsp)*ones(1,K);%DoF
d_ksum=sum(d_k);
if n==1
B1_wv=B_wv(n,n);
else
B1_wv=diag(B_wv)';
end
[rowwv,colwv]=find(B1_wv==0);%寻找奇异值小于阈值的列
ss1_wv=length(B1_wv);
cowv=[ss1_wvd_ksum+1:M_R(n)];
V_tildawv=V_wv(:,cowv);%挑选出V中相应的列
P_Rwv =V_tildawv*V_tildawv';
Rs_wv=P_Rwv*P_Rwv';
cb_worst_vsp(x)=CRB(Rs_wv,a_t,a_tdiff,a_rdiff,M_R
(n),snr);
end

crb(n)=mean(cb);
crb_null_best(n)=mean(cb_best_nsp);
```

```
crb_null_worst(n)=mean(cb_worst_nsp);
crb_ssvsp_best(n)=mean(cb_best_vsp);
crb_ssvsp_worst(n)=mean(cb_worst_vsp);
end
%%CRB曲线作图
figure(1)
semilogy(M_R,crb,'-kh','LineWidth',2)
hold on
semilogy(M_R,abs(crb_null_best),'-rs','LineWidth',2)
hold on
semilogy(M_R,abs(crb_null_worst),'-go','LineWidth',2)
hold on
semilogy(M_R,abs(crb_ssvsp_best),'-bx','LineWidth',2)
hold on
semilogy(M_R, abs(crb_ssvsp_worst), ' -cd', 'Line-
Width',2)
xlabel('Number of radar antennas (M_R)','fontsize',14)
ylabel('RMSE(degree)','fontsize',14)
legend('Location', 'Best', 'orthogonal signals', 'NSP best',...
'NSP worst','SSVSPbest','SSVSPworst')
hold off
```

3.7.2 协作模式

本小节给出了图3.10的生成代码，分析了协作模式下雷达预编码器的性能。

3.7.2.1 图3.10的MATLAB代码

```
%误码率与频谱共享模式中信道估计信噪比变化关系
K=4;%通信系统中发射接收对的数目
ind=1;
if ind==1
M_k=6*ones(1,K);
N_k=6*ones(1,K);
M_R=30;%雷达发射天线阵元数目
N_R=30;%雷达接收天线阵元数目
```

```
else
M_k=8*ones(1,K);
N_k=8*ones(1,K);
M_R=100;%雷达发射天线阵元数目
N_R=100;%雷达接收天线阵元数目
end
L_b=256;%块长度
L_t=128;
SNR=20;%雷达接收回波信噪比,dB
snr=10^(SNR/10);
rho_dB=(0:15);
rho_ratio=10.^(rho_dB/10);
noise_v=sqrt(1./rho_ratio);
noit=10^4;
for n=1:length(rho_ratio)
errCount_BERZF=0;
errCount_BERMM=0;
for x=1:noit
d_k=M_k;%自由度
d_ksum=sum(M_k);
%生成QPSK调制随机数据块
tmp=round(rand(2,d_ksum));
tmp=tmp*2-1;
input=(tmp(1,:)+1i*tmp(2,:))/sqrt(2);
u=input.';
%复合信道生成
H_bar=zeros(M_R,d_ksum);
for a=1:K
H_kR=randn(d_k(a),M_R)+1i*randn(d_k(a),M_R);
if(a==1)
dim=1:d_k(a);
else
 dim=(sum(d_k(1:a-1))+1):(sum(d_k(1:a)));
end
```

```
H_bar(:,dim)=H_kR';
end
H_r=H_bar';
%训练符号生成
S=(1/sqrt(2))*(hadamard(L_t)+1i*hadamard(L_t));
S=S(1:d_ksum,:);
%AWGN生成
W = sqrt(noise_v(n))*(randn(M_R, L_t) +1i*randn(M_R,
L_t));
%整个训练周期内的雷达接收信号
Y=zeros(M_R,L_t);
forb=1:L_t
Y(:,b)=sqrt(rho_ratio(n)/d_ksum)*H_bar*S(:,b)+W(:,b);
end
%复合信道的ML估计
H_barest=sqrt(d_ksum/rho_ratio(n))*Y*S'*inv(S*S');
H_real=H_barest';
%理想CSI的ZF预编码器
P_R1=H_real'*inv(H_real*H_real');
%%理想CSI的MMSE预编码器
P_R1s= H_real'*inv(H_real*H_real'+d_ksum*(1/rho_ratio
(n))*eye(d_ksum));
%AWGN生成
W = sqrt (noise_v(n)/2)*(randn(d_ksum, 1) +1i*randn
(d_ksum,1));
Y_ZF=H_real*P_R1*u+W;
EstSymbols_ZF=sign(real(Y_ZF))+1i*sign(imag(Y_ZF));
EstSymbols_ZF=EstSymbols_ZF/sqrt(2);
I_br_ZF=find((real(u)-real(EstSymbols_ZF))==0);
errCount_BERZF=errCount_BERZF+(d_ksum-length(I_br_ZF));
I_bi_ZF=find((imag(u)-imag(EstSymbols_ZF))==0);
errCount_BERZF=errCount_BERZF+(d_ksum-length(I_bi_ZF));
Y_MMSE=H_real*P_R1s*u+W;
EstSymbols_MM=sign(real(Y_MMSE))+1i*sign(imag(Y_MMSE));
```

```
EstSymbols_MM=EstSymbols_MM/sqrt(2);
I_br=find((real(u)-real(EstSymbols_MM))==0);
errCount_BERMM=errCount_BERMM+(d_ksum-length(I_br));
I_bi=find((imag(u)-imag(EstSymbols_MM))==0);
errCount_BERMM=errCount_BERMM+(d_ksum-length(I_bi));
end
%计算误码率
BER_ZF(1,n)=errCount_BERZF/(2*d_ksum*noit);
BER_MM(1,n)=errCount_BERMM/(2*d_ksum*noit);
end
```

3.7.3 两种模式的功能

本小节给出了同时采用干扰抑制模式和协作模式的几种功能的MATLAB代码。

```
function[crb]=CRB(Rs,a_t,a_tdiff,a_rdiff,N_R,snr)
%此函数计算克拉美罗限
T1=N_R*a_tdiff'*Rs.'*a_tdiff;
T2=a_t'*Rs.'*a_t*((norm(a_rdiff,2))^2);
T3=N_R*abs(a_t'*Rs.'*a_tdiff).^2;
T4=a_t'*Rs.'*a_t;
T=T1+T2-(T3./T4);
crb=1/(2*snr*T);
end


function a=steering_ULA(theta,M,fc,d)
%生成均匀陷阵的导向向量
%theta:垂直波达角,(°)
%M:天线数目
同上函数
%fc:载频,Hz
%d:阵元间距,m
c=3e8;%光速,m/s
Lambda=c/fc;%波长,m
m=0:M-1;
```

```
a=exp(-1i*2*pi*m*d*sind(theta-45)/Lambda);
a=a.';
end

function a=diff_steering_ULA(theta,M,fc,d)
%生成均匀陷阵的导向向量差分
%theta:垂直波达角,(°)
%M:天线数目
%fc:载频,Hz
%d:阵元间距,m
c=3e8;%光速,m/s
Lambda=c/fc;%波长,m
m=0:M-1;
b=exp(-1i*2*pi*m*d*sind(theta-45)/Lambda);
a=(-1i*2*pi*d*m.*b*cosd(theta-45))/Lambda;
a=a.';
end
```

参考文献

[1] 4G Americas, 4G Mobile Broadband Evolution: 3GPP Release 11 and Release 12 and Beyond (2014).

[2] A. Khawar, A. Abdel-Hadi, T.C. Clancy, spectrum sharing between S–band radar and LTE cellular systems: a spatial approach, in *IEEE International Symposium on Dynamic Spectrum Access Networks (DYSPAN)* (2014), pp. 7–14.

[3] A. Babaei, W.H. Tranter, T. Bose, A Nullspace–based precoder with subspace expansion for radar/communications coexistence, in *Globecom 2013–Signal Processing for Communications Symposium* (2013).

[4] A. Khawar, A. Abdel-Hadi, T.C. Clancy, On the impact of time-varying interference-channel on the spatial approach of spectrum sharing between S-band radar and communication system, in *IEEE Military Communications Conference (MILCOM)* (2014).

[5] F. Boccardi, H. Huang, Limited downlink network coordination in cellular networks, in *IEEE 18th International Symposium on Personal, Indoor and Mobile Radio Communications (PIMRC 2007)*, (2007), pp. 1–5.

[6] P. Marsch, G.P. Fettweis, (ed.) *Coordinated Multi–Point in Mobile Communications: From Theory to Practice* (Cambridge University Press, Cambridge, 2011).

[7] A. Papadogiannis, D. Gesbert, E. Hardouin, A dynamic clustering approach in wireless networks with multi-cell cooperative processing, in *IEEE International Conference on Communications* (2008), pp. 4033–4037.

[8] A. Papadogiannis, G.C. Alexandropoulos, The value of dynamic clustering of base stations for future wireless networks, in *IEEE International Conference on Fuzzy Systems* (2010), pp. 1–6.

[9] I. Bekkerman, J. Tabrikian, Spatially coded signal model for active arrays, in *Proceedings of the 2004 IEEE International Conference on Acoustics, Speech, and Signal Processing*, vol. 2, (2004), pp. ii/209–212.

[10] D.W. Bliss, K.W. Forsythe, multiple-input and multiple-ouput Radar and imagng: degrees of freedom and resolution, in *Proceedings of the 37th Asilomer Conference on Signals, Systems, and Computers*, vol. 1, (2003), pp. 54–59.

[11] J. Li, P. Stoica, *MIMO Radar Signal Processing* (Wiley, New York, 2009).

[12] A. Khawar, A. Abdel-Hadi, T. C. Clancy, R. McGwier, Beampattern analysis for MIMO radar and telecommunication system coexistence, in *IEEE International Conference on Computing, Networking and Communications, Signal Processing for Communications Symposium (ICNC' 14-SPC)* (2014).

[13] A. Khawar, A. Abdelhadi, C. Clancy, Target detection performance of spectrum sharing MIMO radars. IEEE Sens. J. 15, 4928–4940 (2015).

[14] A. Khawar, A. Abdel-Hadi, T.C. Clancy, MIMO radar waveform design for coexistence with cellular systems, in *2014 IEEE International Symposium on Dynamic Spectrum Access Networks: SSPARC Workshop (IEEE DySPAN 2014-SSPARC Workshop)* (McLean, USA, 2014).

[15] A. Khawar, A. Abdelhadi, T. C. Clancy, QPSK waveform for MIMO Radar with spectrum sharing constraints, in *Physical Communication* (2014).

[16] F.H. Sanders, J.E. Carroll, G.A. Sanders, R.L. Sole, Effects of Radar interference on LTE base station receiver performance, in *NTIA Report 14-499, U.S. Department of Commerce* (2014).

[17] V.R. Cadambe, S.A. Jafar, Interference alignment and degrees of freedom of the K-user interference channel. IEEE Trans. Inf. Theory 54(8), 3425–3441 (2008).

[18] S.A. Jafar, Interference alignment: a new look at signal dimensions in a communication network, in *Foundations and Trends in Communications and Information Theory*, vol. 7(1) (2011).

[19] C. Peel, B. Hochwald, A. Swindlehurst, A vector-perturbation technique for near-capacity multiantenna multiuser communication-part i: channel inversion and regularization. IEEE Trans. Comm. 53, 195–202 (2005).

[20] X. Shao, J. Yuan, Y. Shao, Error performance analysis of linear zero forcing and MMSE precoders for MIMO broadcast channels. IET Commun. 1(5), 1067–1074 (2007).

[21] A. Babaei, W.H. Tranter, T. Bose, A practical precoding approach for radar/communications spectrum sharing, in *Cognitive Radio Oriented Wireless Networks (CROWNCOM)*, July 2013, pp. 13–18.

[22] A. Khawar, A. Abdelhadi, T. Clancy, Coexistence analysis between radar and cellular system in

LoS channel, in *IEEE Communication Letters* (2015).

[23] H. Shajaiah, A. Khawar, A. Abdel-Hadi, T.C. Clancy, Resource allocation with carrier aggregation in LTE advanced cellular system sharing spectrum with S-band radar, in *IEEE International Symposium on Dynamic Spectrum Access Networks: SSPARC Workshop (IEEE DySPAN 2014–SSPARC Workshop)* (McLean, USA, 2014).

第4章 交叠MIMO雷达和MIMO蜂窝系统①

Chowdhury Shahriar, Ahmed Abdelhadi, T. Charles Clancy

本章将对共址交叠多输入多输出(Overlapped-MIMO)雷达的波形设计进行探讨,并结合一种基于零空间投影(Null Space Projection,NSP)的频谱共享算法,实现雷达和通信系统的共存。以往的工作[1-3]考虑了共址MIMO雷达与MIMO通信系统在同一频带共存工作的场景,本章将其扩展到交叠MIMO雷达和MIMO通信系统的频谱共享拓扑结构中。共址交叠MIMO雷达的天线阵列被分成多个子阵列,用于向该天线的指定方向发射信号。天线子阵之间的阵元交叠,其中形成相干信号和子阵间信号的发射子阵的阵元相互正交。

本章提出的天线设计方法对通信系统的干扰较小,同时保持了MIMO雷达的高性能,如在波束方向图中保持了改进的旁瓣抑制,并获得更高的SNR增益。此外,以雷达为中心的频谱共享算法通过将雷达信号投影到通信信道的零空间,避免了对通信系统的干扰。最后,给出数值分析结果,从雷达波形的整体波束方向图、旁瓣水平和SNR增益等方面展示了所提方法的效果。

MIMO雷达具有比传统雷达系统更好的性能,能以更高的角度分辨率进行目标识别[4],因此MIMO雷达概念目前广受关注。MIMO雷达可以通过多个发射天线阵元发射多个波形,并通过多个接收天线接收来自目标的反射信号。在文献[5]中,作者提出了一种不同类型的MIMO雷达,称为“相控MIMO(Phased-MIMO)”雷达。在相控MIMO雷达中,波形从天线阵元被划分为多个子阵的MIMO雷达发射,这些天线阵元可以在子阵间交叠。与传统MIMO雷达相比,这种结构的优势在于它具有更高的相干处理增益和整体旁瓣抑制性能。

在认知无线电研究领域,有研究提出了将信号投影到干扰信道零空间来躲避干扰的概念[6-7],这是一个很好的研究主题。干扰信道的零空间是在发射端计算的,可以利用信道的互易性通过计算信道的二阶统计量得到[6],如果资源共享节点之间不存在协作,则可以通过盲估计得到零空间[7]。对于MIMO雷达系统,这种NSP的方法首先在文献[1]中被提出,随后出现了一系列文献[2-3,8],以研究不

①本章内容的出版已经过修改和许可(许可证编号:3935121236172)。原文请参阅:C. Shahriar, A. Khawar, A. Abdelhadi, C. Clancy, “Overlapped MIMO radar waveform design for coexistence with communication systems”, IEEE Wireless Communications and Networking Conference (WCNC), 2015.

同雷达-通信场景下基于NSP的频谱共享方法来避免干扰。

本章后续部分内容安排如下：4.1节通过给出的信道模型，构建了MIMO雷达与MIMO通信系统之间频谱共享架构的基础；4.2节讨论了共址MIMO雷达的基本原理；4.3节介绍了提出的交叠MIMO雷达的结构；4.4节从波束方向图和SNR增益两方面讨论了所提出雷达结构的性能；4.5节推导了共址交叠MIMO雷达的最优子阵尺寸；4.6节介绍了以雷达为中心的频谱共享算法，称为NSP算法；4.7节对NSP算法的假设和限制因素进行了讨论；4.8节讨论了仿真参数的设置，给出了定量仿真结果，并进行了分析；4.9节对本章进行了总结。

4.1 共存系统模型

本节将构建雷达和通信系统共存的理论基础。本节首先描述雷达和通信系统的模型。其次，定义了频谱共享的信道模型。此外，还给出了干扰信道相关假设的定义。

4.1.1 雷达模型

假设所采用的雷达系统是共址MIMO雷达的变体，包括M_T个发射阵元和M_R个接收阵元。共址MIMO雷达的天线是均匀线阵（Uniform Linear Array，ULA），阵元之间至少间隔半波长（或半波长的倍数）。这里采用共址雷达具有明显的优势，因为它比其他天线结构（如分布式雷达）提供了更高的空间分辨率和目标参数识别能力[9]。

4.1.2 通信系统模型

假设通信系统是带有MIMO天线的无线宽带或蜂窝系统。MIMO通信系统具有N_T个发射天线和N_R个接收天线，通信节点可以是基站或用户设备。

4.1.3 共存信道模型

现在研究该频谱共享场景的信道模型。如果从通信系统的角度来看，在系统接收机的噪声背景下，接收到的信号可以写为

$$\boldsymbol{y}_C(t) = \boldsymbol{H}_I^{N_R \times M_T}\boldsymbol{x}_{\text{Radar}}(t) + \boldsymbol{H}^{N_R \times N_T}\boldsymbol{x}_C(t) + \boldsymbol{n}(t) \tag{4.1}$$

式中：$\boldsymbol{x}_{\text{Radar}}(t)$为发射的雷达信号；$\boldsymbol{x}_C(t)$为发射的通信信号；$\boldsymbol{H}_I$为雷达和通信系统之间的$N_R \times M_T$干扰信道；$\boldsymbol{H}$是通信系统发射机和接收机之间的$N_R \times N_T$信道；$\boldsymbol{n}(t)$为加性高斯白噪声（Additive White Gaussian Noise，AWGN）。

干扰信道$\boldsymbol{H}_I$可以表示为

$$\boldsymbol{H}_{\mathrm{I}}=\begin{bmatrix} h^{(1,1)} & \cdots & h^{(1,M_{\mathrm{T}})} \\ \vdots & & \vdots \\ h^{(N_{\mathrm{R}},1)} & \cdots & h^{(N_{\mathrm{R}},M_{\mathrm{T}})} \end{bmatrix}\left(N_{\mathrm{R}}\times M_{\mathrm{T}}\right) \tag{4.2}$$

式中：$h_i^{(n,m)}$为MIMO雷达的第m个天线阵元与MIMO通信系统的第n个天线阵元之间的信道系数。假设$\boldsymbol{H}_{\mathrm{I}}$中的元素是独立同分布且具有零均值和单位方差的圆对称复高斯随机变量(也称为瑞利衰落)。

4.1.4 关键假设

假设雷达和通信系统都在一个可接近的、协作的环境中工作，相互协作并且共享各类信息。每个系统都在设法避免对另一个系统造成干扰的约定下进行信息共享。本章将研究以雷达为中心的设计方法。在以雷达为中心的设计中，假设雷达端可以使用通信系统的干扰信道状态信息(Interference Channel State Information，ICSI)，雷达的目标是设计相应的雷达波形以避免对通信系统产生干扰。图4.1展示了一个典型的共存场景，即舰载雷达和陆基通信系统的某种频谱共享场景。

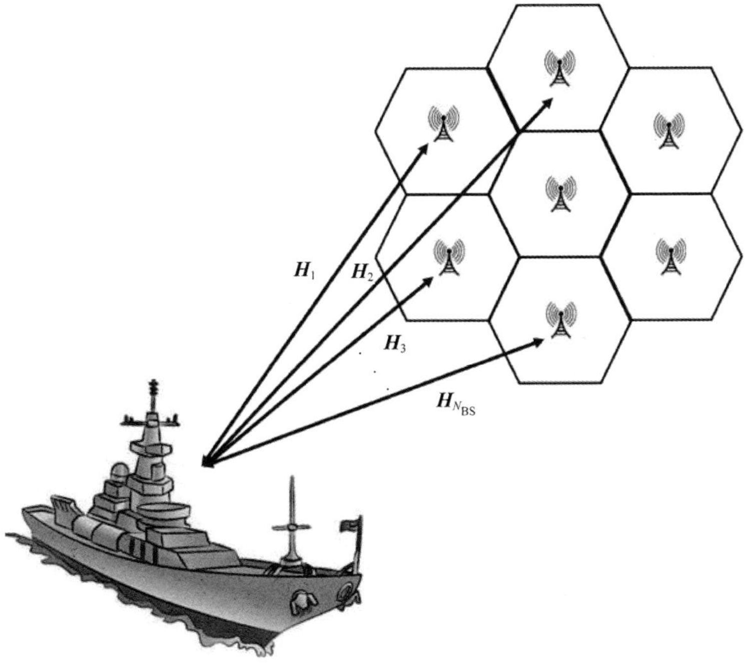

图4.1　频谱共享场景

此外,为使分析更加直观且易于理解,本章还进行了如下假设。

(1)考虑一个点目标/源,用于定义具有一个无限小空间范围散射体的目标/源。

(2)θ和α都是确定性未知参数,分别表示目标的到达方向和复振幅。

(3)基于远场假设,对于所有发射和接收阵元,路径损耗α相同。

(4)角度θ是目标的方位角。

4.2 共址MIMO雷达

本节将介绍共址MIMO雷达的初步数学基础,相关推导有利于进一步了解后续章节中所提出的交叠雷达架构。假设本节所讨论的MIMO雷达为共址雷达。所谓"共址"指的是雷达系统的发射天线和接收天线在空间位置上十分接近(通常是同一阵列)[4]。在该前提下,假设发射阵列和接收阵列中的天线阵元数分别为M_{T}和M_{R}。设θ为一般目标的位置参数。

设$\boldsymbol{\phi}(t)$为共址MIMO雷达的发射波形,可定义为

$$\boldsymbol{\phi}(t) = \left[\phi_1(t), \phi_2(t), \cdots, \phi_{M_{\mathrm{T}}}(t)\right]^{\mathrm{T}} \tag{4.3}$$

式中:t为雷达脉冲的时间采样;$(\cdot)^{\mathrm{T}}$为向量/矩阵的转置。向量$\boldsymbol{\phi}(t)$的第m个信号$\phi_m(t)$是MIMO雷达第m个发射天线的发射波形。在这种MIMO雷达架构下,假设每个阵元发射的信号相互正交,从而整个波形满足正交性原则,并可以得到

$$\boldsymbol{R}_x = \int_{T_0} \boldsymbol{\phi}(t)\boldsymbol{\phi}^{\mathrm{H}}(t)\mathrm{d}t = \boldsymbol{I}_{M_{\mathrm{T}}} \tag{4.4}$$

式中:T_0为雷达脉冲宽度;$(\cdot)^{\mathrm{H}}$为厄米特复共轭转置;$\boldsymbol{I}_{M_{\mathrm{T}}}$为$M_{\mathrm{T}} \times M_{\mathrm{T}}$的单位矩阵。正交信号传输具有许多优点。例如,除接收机外,发射机也可以进行波束成形;可以提高角度分辨率;能够以虚拟阵列的形式实现阵列孔径扩展;波束旁瓣通常低于传统信号;此外,可分辨的目标数量也更多。

在发射端,波形被引导向特定目标(或源)的方向进行发射。设目标(或源)的方向为θ,$M_{\mathrm{T}} \times 1$的导向向量为$\boldsymbol{a}(\theta)$,则对于均匀线阵,导向向量$\boldsymbol{a}(\theta)$可表示为

$$\begin{aligned}\boldsymbol{a}(\theta) &= \left[a_1(\theta), a_2(\theta), \cdots, a_{M_{\mathrm{T}}}(\theta)\right]^{\mathrm{T}} a_m(\theta) = \mathrm{e}^{-\mathrm{j}2\pi d_{\mathrm{T}}(M_{\mathrm{T}}-1)\sin\theta} \\ &= \left[1, \mathrm{e}^{-\mathrm{j}2\pi d_{\mathrm{T}}\sin\theta}, \cdots, \mathrm{e}^{-\mathrm{j}2\pi d_{\mathrm{T}}\left(M_{\mathrm{T}}-1\right)\sin\theta}\right]^{\mathrm{T}}\end{aligned} \tag{4.5}$$

式中:向量$\boldsymbol{a}(\theta)$的第一个元素为参考元素,可以设置为$a_1(\theta) = 1$,第m个元素为$a_m(\theta) = \mathrm{e}^{-\mathrm{j}2\pi d_{\mathrm{T}}(M_{\mathrm{T}}-1)\sin\theta}$;$d_{\mathrm{T}}$为阵列内部阵元的空间距离,由波长决定。

因此,将初始波形与导向向量相乘或由导向向量引导,可以得到雷达发射机输出信号的紧向量表达式:

$$\begin{aligned}\boldsymbol{x}_{\text{Radar}}(t) &= \boldsymbol{a}(\theta)\odot\boldsymbol{\phi}(t)\\ &= \left[a_1(\theta)\phi_1(t), a_2(\theta)\phi_2(t), \cdots, a_{M_{\text{T}}}(\theta)\phi_{M_{\text{T}}}(t)\right]\\ &= \left[x_1(t), x_2(t), \cdots, x_{M_{\text{T}}}(t)\right]\end{aligned}\tag{4.6}$$

式中:$\odot$ 表示Hadamard(元素)积。

共址MIMO雷达接收天线得到的$M_{\text{R}}\times 1$的快拍向量可以表示为

$$\boldsymbol{y}_{\text{Radar}}(t) = \boldsymbol{y}_{\text{s}}(t) + \boldsymbol{y}_{\text{i}}(t) + \boldsymbol{n}(t)\tag{4.7}$$

式中:$\boldsymbol{y}_{\text{s}}(t)$为目标/源的回波信号;$\boldsymbol{y}_{\text{i}}(t)$为干扰信号;$\boldsymbol{n}(t)$为高斯白噪声。

考虑单点目标/源,则雷达接收到的信号为

$$\boldsymbol{y}_{\text{s}}(t) = \beta_{\text{s}}\left(\boldsymbol{a}^{\text{T}}\left(\theta_{\text{s}}\right)\boldsymbol{\phi}(t)\right)\boldsymbol{b}\left(\theta_{\text{s}}\right)\tag{4.8}$$

式中,θ_{s}为目标/源的方向;β_{s}为焦点θ_{s}处的复反射系数(考虑信道效应和传播损耗);$\boldsymbol{b}(\theta)$为θ方向大小为$M_{\text{R}}\times 1$的接收导向向量,可表示为

$$\begin{aligned}\boldsymbol{b}(\theta) &= \left[b_1(\theta), b_2(\theta), \cdots, b_{M_{\text{R}}}(\theta)\right]^{\text{T}}\\ &= \left[1, \mathrm{e}^{-\mathrm{j}2\pi d_{\text{T}}\sin\theta}, \cdots, \mathrm{e}^{-\mathrm{j}2\pi d_{\text{T}}\left(M_{\text{R}}-1\right)\sin\theta}\right]^{\text{T}}\end{aligned}\tag{4.9}$$

通过在雷达接收机设置匹配滤波器,可以将第m个发射波形的回波进行恢复。匹配滤波器可能包含$\left\{\boldsymbol{\phi}_m(t)\right\}_{m=1}^{M_{\text{T}}}$中的各个波形,并将与接收信号匹配,即

$$\boldsymbol{y}_m(t) = \int_{T_0}\boldsymbol{y}_{\text{Radar}}(t)\boldsymbol{\phi}_m^*(t)\mathrm{d}t, m = 1,2,\cdots,M_{\text{T}}\tag{4.10}$$

共址MIMO雷达与其他雷达的关键区别之一是,虚拟阵列的引入使其具有更多的DoF。这里需要注意的是,从同一个雷达发射机发出的发射信号是不同的。因此,可以将回波信号重新分配给发射源,使虚拟接收孔径增大。然后,虚拟数据向量的大小将是$M_{\text{T}}M_{\text{R}}\times 1$,可以表示为

$$\begin{aligned}\boldsymbol{y}_{\text{v}} &= \left[\boldsymbol{y}_1^{\text{T}}, \boldsymbol{y}_2^{\text{T}}, \cdots, \boldsymbol{y}_{M_{\text{T}}}^{\text{T}}\right]^{\text{T}}\\ &= \beta_{\text{s}}\boldsymbol{a}\left(\theta_{\text{s}}\right)\otimes\boldsymbol{b}\left(\theta_{\text{s}}\right) + \boldsymbol{y}_{\text{i+n}}\end{aligned}\tag{4.11}$$

式中:$\otimes$为Kronker乘积运算;$\boldsymbol{y}_{\text{i+n}}$为干扰和噪声的组合分量。因此,目标/源信号分量可以表示为

$$\boldsymbol{y}_{\text{s}} = \beta_{\text{s}}\boldsymbol{v}\left(\theta_{\text{s}}\right)\tag{4.12}$$

式中:$\boldsymbol{v} = \boldsymbol{a}\left(\theta_{\text{s}}\right)\otimes\boldsymbol{b}\left(\theta_{\text{s}}\right)$是大小为$M_{\text{T}}M_{\text{R}}\times 1$的虚拟导向向量,与具有$M_{\text{T}}M_{\text{R}}$个阵元的虚拟阵列相关。

对于ULA，虚拟阵列导向向量$\boldsymbol{v}(\theta)$的第$m_{\mathrm{t}}M_{\mathrm{R}}+m_{\mathrm{r}}$个通道可由下式给出：

$$\boldsymbol{v}_{\left[m_{\mathrm{t}}M_{\mathrm{R}}+m_{\mathrm{r}}\right]}(\theta)=\mathrm{e}^{-\mathrm{j}2\pi\left(m_{\mathrm{t}}d_{\mathrm{T}}\sin\theta+m_{\mathrm{r}}d_{\mathrm{R}}\sin\theta\right)} \tag{4.13}$$

式中：$m_{\mathrm{t}}=0,1,\cdots,M_{\mathrm{T}}-1$且$m_{\mathrm{r}}=0,1,\cdots,M_{\mathrm{R}}-1$。对于$d_{\mathrm{T}}=M_{\mathrm{R}}d_{\mathrm{R}}$，虚拟阵列导向向量可以简化为[10]

$$\boldsymbol{v}_{[\varsigma]}(\theta)=\mathrm{e}^{-\mathrm{j}2\pi\varsigma d_{\mathrm{R}}\sin\theta} \tag{4.14}$$

式中：$\varsigma=m_{\mathrm{t}}M_{\mathrm{R}}+m_{\mathrm{r}}=0,1,\cdots,M_{\mathrm{T}}M_{\mathrm{R}}-1$。由此推断，通过$M_{\mathrm{T}}+M_{\mathrm{R}}$个天线可实现$M_{\mathrm{T}}M_{\mathrm{R}}$个有效孔径阵列[5]。这里，所得到的虚拟阵列是一个有$M_{\mathrm{T}}M_{\mathrm{R}}$个分布阵元且间隔为$d_{\mathrm{R}}$波长的ULA。对于共址MIMO雷达，虚拟阵列将导致孔径尺寸增大，这是由于在天线阵元中使用了正交信号。这种孔径尺寸的扩展称为波形分集。

4.3 交叠MIMO雷达

本节给出MIMO雷达中天线阵列的一种新形式，称为“交叠MIMO”雷达。在这种架构下，阵列的天线阵元被划分为多个交叠子阵列，其核心优点是允许在发射和接收阵列中进行波束成形。该架构的核心思想是将发射阵列划分为K个子阵列，其中，$1\leqslant K\leqslant M_{\mathrm{T}}$，因此子阵是允许交叠的[5]。交叠MIMO雷达的组成如图4.2所示。

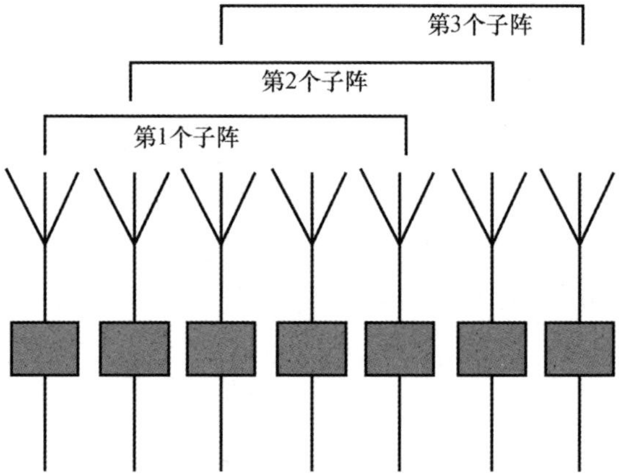

图4.2　交叠MIMO雷达构造示意图

第k个子阵输出信号的复包络可以表示为

$$\boldsymbol{s}_k(t)=\sqrt{\frac{M_{\mathrm{T}}}{K}}\,\phi_k(t)\tilde{\boldsymbol{w}}_k,\ k=1,2,\cdots,K \tag{4.15}$$

式中：$\tilde{\boldsymbol{w}}_k$为$M_{\mathrm{T}}\times 1$的单位范数复向量，该向量包含有源天线第k个子阵的M_k个

波束形成权值和无源天线的$M_T - M_k$个零权值。

发射信号可采用频率步进信号[11]，如果信号波形ϕ_{k+1}至ϕ_k之间频率增量为$\Delta f = f_{k+1} - f_k$，且满足$\Delta f \gg 1/T_0$，则信号是正交的。正交波形$\phi_k(t)$可建模为

$$\phi_k(t) = Q(t)\mathrm{e}^{\mathrm{j}2\pi k(\Delta f)t} \tag{4.16}$$

式中：$Q(t)$为脉冲持续时间T_0对应的波形，其中，$0 < t < T_0(k = 1,2,\cdots,K)$。

信号$\boldsymbol{s}_k(t)$在一个雷达脉冲内能量可以表示为

$$E_k = \int_{T_0} \boldsymbol{s}_k^{\mathrm{H}}(t)\boldsymbol{s}_k(t)\mathrm{d}t = \frac{M_T}{K} \tag{4.17}$$

由此推断总发射功率等于M_T。

在远场方向θ处目标/源的反射信号可以表示为

$$\begin{aligned} r(t,\theta) &\stackrel{\mathrm{def}}{=} \sqrt{\frac{M_T}{K}}\beta(\theta)\sum_{k=1}^{K}\tilde{\boldsymbol{w}}_k^{\mathrm{H}}\tilde{\boldsymbol{a}}_k(\theta)\phi_k(t) \\ &= \sqrt{\frac{M_T}{K}}\beta(\theta)\sum_{k=1}^{K}\boldsymbol{w}_k^{\mathrm{H}}\boldsymbol{a}_k(\theta)\mathrm{e}^{-\mathrm{j}\tau_k(\theta)}\phi_k(t) \end{aligned} \tag{4.18}$$

式中：$\beta(\theta)$为反射系数；$\boldsymbol{w}_k$和$\boldsymbol{a}_k(\theta)$分别为$M_k \times 1$的波束形成向量和方向向量。$\boldsymbol{a}_k$为$M_T \times 1$的向量，包含有源天线第k个子阵的M_k个波束形成权值和无源天线的$M_T - M_k$个零权值。最后，$\tau_k(\theta)$是电磁波在两个相邻阵元之间的传输时延。

式(4.18)可以改写为

$$r(t,\theta) = \sqrt{\frac{M_T}{K}}\beta(\theta)\left(\boldsymbol{c}(\theta)\odot\boldsymbol{d}(\theta)\right)^{\mathrm{T}}\boldsymbol{\phi}_K(t) \tag{4.19}$$

其中，波形向量为

$$\boldsymbol{\phi}_K(t) \stackrel{\mathrm{def}}{=} \left[\phi_1(t),\phi_2(t),\cdots,\phi_k(t)\right]$$

该波形向量的维度为$K \times 1$；发射的相干处理向量为$\boldsymbol{c}(\theta) \stackrel{\mathrm{def}}{=} \left[\boldsymbol{w}_1^{\mathrm{H}}\boldsymbol{a}_1(\theta),\right.$ $\left.\boldsymbol{w}_2^{\mathrm{H}}\boldsymbol{a}_2(\theta),\cdots,\boldsymbol{w}_k^{\mathrm{H}}\boldsymbol{a}_k(\theta)\right]$，其维度为$K \times 1$；波形多样性向量$\boldsymbol{d}(\theta) = \left[\mathrm{e}^{-\mathrm{j}\tau_1(\theta)},\mathrm{e}^{-\mathrm{j}\tau_2(\theta)},\cdots,\right.$ $\left.\mathrm{e}^{-\mathrm{j}\tau_K(\theta)}\right]$其维度也是$K \times 1$。

接收到的阵列观测复向量可以表示为

$$\boldsymbol{y}_{\mathrm{Radar}}(t) = r\left(t,\theta_s\right)\boldsymbol{b}\left(\theta_s\right) + \sum_{i}^{D}r\left(t,\theta_i\right)\boldsymbol{b}\left(\theta_i\right) + \boldsymbol{n}(t) \tag{4.20}$$

式中：D为干扰信号（或散射体）的数量；$\boldsymbol{b}(\theta)$为方向θ处的接收导向向量，维度为$M_R \times 1$；$\boldsymbol{n}(t)$，为高斯白噪声。

根据式(4.10)和式(4.11)，通过对$\boldsymbol{y}_{\mathrm{Radar}}(t)$的$\left\{\phi_k\right\}_{k=1}^{K}$中的各个波形进行匹配滤波，可以得到$KM_R \times 1$的虚拟数据向量为

$$\begin{aligned}\boldsymbol{y}_{\mathrm{v}} &= \left[\boldsymbol{y}_{\mathrm{Radar},1}^{\mathrm{T}}(t),\boldsymbol{y}_{\mathrm{Radar},2}^{\mathrm{T}}(t),\cdots,\boldsymbol{y}_{\mathrm{Radar},K}^{\mathrm{T}}(t)\right]^{\mathrm{T}} \\ &= \sqrt{\frac{M_{\mathrm{T}}}{K}}\beta_{\mathrm{s}}\boldsymbol{u}\left(\theta_{\mathrm{s}}\right) + \sum_{i}^{D}\sqrt{\frac{M_{\mathrm{T}}}{K}}\beta_{\mathrm{i}}\boldsymbol{u}\left(\theta_{\mathrm{i}}\right) + \boldsymbol{n}\end{aligned} \tag{4.21}$$

式中：$\boldsymbol{u}(\theta) \stackrel{\mathrm{def}}{=} [(\boldsymbol{c}(\theta)\odot\boldsymbol{d}(\theta)) \otimes \boldsymbol{b}(\theta)]$为$KM_{\mathrm{R}} \times 1$的虚拟导向向量；$\beta_{\mathrm{s}} = \beta\left(\theta_{\mathrm{s}}\right)$和$\beta_{\mathrm{i}} = \beta\left(\theta_{\mathrm{i}}\right)$分别为目标/源和干扰的反射系数。当$K = 1$时，该交叠子阵列公式将退化为相控阵。此时，将仅有一个发射波形。这就导致了更低角度分辨率，但能够获得更高的相干处理增益，就如相控阵雷达一样。另外，当$K = M_{\mathrm{T}}$时，该式将变为常规的没有阵列划分的MIMO雷达。这就完全降低了相干处理增益，但可以得到更高的角度分辨率。

4.4 交叠MIMO雷达的性能指标

本节分析零空间投影交叠MIMO雷达波形的性能指标，并基于波束方向图和信噪比增益的计算，对该结构的性能进行了评估。

首先计算相应的波束形成权向量。在非自适应波束形成条件下，第k个发射子阵的波束形成器权向量可以表示为

$$\boldsymbol{w}_{k} = \frac{\boldsymbol{a}_{k}\left(\theta_{\mathrm{s}}\right)}{\left\|\boldsymbol{a}_{k}\left(\theta_{\mathrm{s}}\right)\right\|} = \frac{\boldsymbol{a}_{k}\left(\theta_{\mathrm{s}}\right)}{\sqrt{M_{\mathrm{T}} - K + 1}} \tag{4.22}$$

式中：$k = 1,2,\cdots,K$。接收子阵维度为$KN \times 1$的波束形成权向量可以写为

$$\boldsymbol{w}_{\mathrm{d}} \stackrel{\mathrm{def}}{=} \boldsymbol{u}\left(\theta_{\mathrm{s}}\right) = \left[\boldsymbol{c}\left(\theta_{\mathrm{s}}\right)\odot\boldsymbol{d}\left(\theta_{\mathrm{s}}\right)\right] \otimes \boldsymbol{b}\left(\theta_{\mathrm{s}}\right) \tag{4.23}$$

4.4.1 波束方向图改进

设$G(\theta)$为交叠MIMO的归一化束方向图为

$$G(\theta) = \frac{\left|\boldsymbol{w}_{\mathrm{d}}^{\mathrm{H}}\boldsymbol{u}(\theta)\right|^{2}}{\left|\boldsymbol{w}_{\mathrm{d}}^{\mathrm{H}}\boldsymbol{u}\left(\theta_{\mathrm{s}}\right)\right|^{2}} = \frac{\left|\boldsymbol{u}^{\mathrm{H}}\left(\theta_{\mathrm{s}}\right)\boldsymbol{u}(\theta)\right|^{2}}{\left\|\boldsymbol{u}\left(\theta_{\mathrm{s}}\right)\right\|^{4}} \tag{4.24}$$

对于ULA的特殊情况，有$\boldsymbol{a}_{1}^{\mathrm{H}}(\theta)\boldsymbol{a}_{1}(\theta_{\mathrm{s}}) = \cdots = \boldsymbol{a}_{k}^{\mathrm{H}}(\theta)\boldsymbol{a}_{k}(\theta)$。根据式(4.24)，在ULA交叠划分条件下，有$K$个发射子阵的交叠MIMO雷达波束方向图可以表示为

$$G_{\mathrm{O}}(\theta) = \frac{\left|\boldsymbol{a}_{K}^{\mathrm{H}}\left(\theta_{\mathrm{s}}\right)\boldsymbol{a}_{K}(\theta)\left[\left(\boldsymbol{d}\left(\theta_{\mathrm{s}}\right) \otimes \boldsymbol{b}\left(\theta_{\mathrm{s}}\right)\right)^{\mathrm{H}}(\boldsymbol{d}(\theta) \otimes \boldsymbol{b}(\theta))\right]\right|^{2}}{\left\|\boldsymbol{a}_{K}^{\mathrm{H}}\left(\theta_{\mathrm{s}}\right)\right\|^{4}\left\|\boldsymbol{d}\left(\theta_{\mathrm{s}}\right) \otimes \boldsymbol{b}\left(\theta_{\mathrm{s}}\right)\right\|^{4}} \tag{4.25}$$

已知$\left\| \boldsymbol{a}_K(\theta_s) \right\|^2 = M_T - K + 1$，$\left\| \boldsymbol{d}(\theta_s) \right\|^2 = K$，以及$\left\| \boldsymbol{b}(\theta_s) \right\|^2 = M_R$，整体波束方向图可以表示为

$$G_0(\theta) = \frac{\left| \boldsymbol{a}_K^H(\theta_s)\boldsymbol{a}_K(\theta) \right|^2}{\left(M_T - K + 1\right)^2} \cdot \frac{\left| \boldsymbol{d}^H(\theta_s)\boldsymbol{d}(\theta) \right|^2}{K^2} \cdot \frac{\left| \boldsymbol{b}^H(\theta_s)\boldsymbol{b}(\theta) \right|^2}{M_R^2} \tag{4.26}$$
$$= T_0(\theta) \cdot D_0(\theta) \cdot R(\theta)$$

式中：$D_0(\theta) \stackrel{\text{def}}{=} \frac{\left| \boldsymbol{d}^H(\theta_s)\boldsymbol{d}(\theta) \right|^2}{K^2}$为波形分集时的波束方向图；$T_0(\theta) \stackrel{\text{def}}{=} \frac{\left| \boldsymbol{a}_K^H(\theta_s)\boldsymbol{a}_K(\theta) \right|^2}{\left(M_T - K + 1\right)^2}$为发射波束方向图；$R(\theta) \stackrel{\text{def}}{=} \frac{\left| \boldsymbol{b}^H(\theta_s)\boldsymbol{b}(\boldsymbol{\theta}) \right|^2}{M_R^2}$为接收波束方向图。由此可以发现交叠MIMO雷达的整体波束方向图可以用三种不同且独立的波束方向图表示。

对于MIMO雷达，子阵列数目满足$K = M_T$，而发射波束方向图$T_M(\theta) = 1$。因此，MIMO雷达的总体波束方向图可以表示为

$$G_{MIMO}(\theta) = D_M(\theta) \cdot R(\theta) \tag{4.27}$$

式中：波形分集波束方向图为$D_M(\theta) = \frac{\left| \boldsymbol{a}^H(\theta_s)\boldsymbol{a}(\theta) \right|^2}{M_T^2}$。需要注意的是，MIMO雷达的整体波束图仅与波形分集和接收波束方向图有关。

对于相控阵雷达，子阵数为$K = 1$，波形分集波束方向图为$D_P(\theta) = 1$。因此，相控阵雷达的总体波束方向图可以表示为

$$G_{PH}(\theta) = T_P(\theta) \cdot R(\theta) \tag{4.28}$$

式中：发射波束方向图$T_P(\theta) = \frac{\left| \boldsymbol{a}^H(\theta_s)\boldsymbol{a}(\theta) \right|^2}{M_T^2}$。需要注意的是，相控阵雷达的整体波束方向图只有发射波束方向图和接收波束方向图两类。

4.4.2　信噪比增益提高

根据文献[5]，由非自适应发射/接收波束形成的交叠MIMO雷达输出SNR可以表示为

$$\text{SNR}_{OMIMO} = M_R M_T\left(M_T - K + 1\right)\frac{\sigma_s^2}{\sigma_n^2} \tag{4.29}$$

式中：σ_s^2为目标/源反射系数的方差，因此$\sigma_s^2 = E\{|\beta|^2\}$；$\sigma_n^2$为噪声方差。

对于MIMO雷达，输出SNR可以通过对式(4.29)用$K = M_T$变量代换得到：

$$\mathrm{SNR}_{\mathrm{MIMO}} = M_{\mathrm{R}} M_{\mathrm{T}} \frac{\sigma_{\mathrm{s}}^{2}}{\sigma_{\mathrm{n}}^{2}} \tag{4.30}$$

对于相控阵雷达，输出SNR可以用$K = 1$带入式(4.29)得到

$$\mathrm{SNR}_{\mathrm{PH}} = M_{\mathrm{R}} M_{\mathrm{T}}^{2} \frac{\sigma_{\mathrm{s}}^{2}}{\sigma_{\mathrm{n}}^{2}} = M_{\mathrm{T}} \mathrm{SNR}_{\mathrm{MIMO}} \tag{4.31}$$

最后，从式(4.29)~式(4.31)，可以将交叠MIMO雷达的输出SNR表示为

$$\mathrm{SNR}_{\mathrm{OMIMO}} = \eta \cdot \mathrm{SNR}_{\mathrm{PH}} = \eta \cdot M_{\mathrm{T}} \cdot \mathrm{SNR}_{\mathrm{MIMO}} \tag{4.32}$$

式中：$\frac{1}{M_{\mathrm{T}}} \leqslant \eta \overset{\mathrm{def}}{=} \frac{\left(M_{\mathrm{T}} - K + 1\right)}{M_{\mathrm{T}}} \leqslant 1$，是交叠MIMO雷达信噪比增益与相控阵雷达SNR增益之比。

可以发现，MIMO雷达的信噪比增益等于$M_{\mathrm{R}} M_{\mathrm{T}}$，相控阵雷达的信噪比增益等于$M_{\mathrm{R}} M_{\mathrm{T}}^{2}$，交叠MIMO雷达的信噪比增益等于$M_{\mathrm{R}} M_{\mathrm{T}}(M_{\mathrm{T}} K + 1)$。相控阵雷达的信噪比增益是MIMO雷达的$M_{\mathrm{T}}$倍。交叠MIMO雷达的SNR增益是MIMO雷达的$(M_{\mathrm{T}} K + 1)$倍，是相控阵雷达的$\frac{(M_{\mathrm{T}} K + 1)}{M_{\mathrm{T}}}$倍。因此，可以看到交叠MIMO架构的总体SNR增益改善。

4.5 交叠MIMO雷达的最优子阵尺寸

为了将交叠子阵列体系结构的影响最大化，必须确定子阵列的数量K的值，使得虚拟阵列的尺寸（即M_{ϵ}）最大化。从而有

$$K = \arg\max_{K}\left(M_{\epsilon}\right) \tag{4.33}$$

式中：$M_{\epsilon} = (M_{\mathrm{T}} - K + 1)K$。

交叠阵列中的子阵列K的数量可以优化为

$$\begin{cases} \dfrac{\partial}{\partial K}\left(M_{\epsilon}\right) = 0 \\ \dfrac{\partial}{\partial K}\left(\left(M_{\mathrm{T}} - K + 1\right)K\right) = 0 \\ M_{\mathrm{T}} - 2K + 1 = 0 \\ K = \left\lfloor \dfrac{M_{\mathrm{T}} + 1}{2} \right\rfloor \end{cases} \tag{4.34}$$

式中：K应为整数；$\lfloor \cdot \rfloor$为向下取整运算。需要注意的是，当发射虚拟阵列M_{ϵ}最大时，雷达的增益影响最为显著。

4.6　雷达中心频谱共享算法

本节将详细介绍以雷达为中心的投影算法，该算法通过文献[3]中提出的NSP技术将交叠MIMO雷达信号投影到通信干扰信道的零空间。本节从频谱共享算法的一般描述开始，然后再介绍投影矩阵的数学模型细节。

4.6.1　零空间投影(NSP)

本节介绍NSP算法，该算法将雷达信号投影到干扰信道$\boldsymbol{H}_{\mathrm{I}}$的零空间。NSP算法要求雷达提前获得干扰信道的信道状态信息(Channel State Information，CSI)，该CSI可以通过多种方式获得，并且通过雷达和通信系统的相互协作，CSI可被传送到雷达系统[1-3]。

该算法的工作原理如下：开始时，雷达接收到$\boldsymbol{H}_{\mathrm{I}}$，即雷达与通信节点的干扰信道CSI。然后通过对$\boldsymbol{H}_{\mathrm{I}}$进行奇异值分解(Singular Value Decomposition，SVD)，计算可用于投影雷达信号的零空间数(零空间的维数为$M_{\mathrm{T}}-N_{\mathrm{R}}$)。接着计算投影通道矩阵$\boldsymbol{P}$并构建新的雷达波形$\hat{\boldsymbol{x}}_{\mathrm{Radar}}$。如果$\boldsymbol{H}_{\mathrm{I}}$是通道矩阵，$\boldsymbol{P}$是$\boldsymbol{H}_{\mathrm{I}}$在零空间的投影矩阵，为避免雷达干扰而投影到$\boldsymbol{H}_{\mathrm{I}}$的零空间的交叠MIMO雷达波形可以写为

$$\hat{\boldsymbol{x}}_{\mathrm{Radar}}(t)=\boldsymbol{P}\boldsymbol{x}_{\mathrm{Radar}}(t) \tag{4.35}$$

注意，上述通过NSP的频谱共享算法在算法9中进行了详细描述。

4.6.2　投影矩阵

本节介绍投影矩阵$\boldsymbol{P}$的表示形式，并分析该投影矩阵的性质。$\boldsymbol{H}_{\mathrm{I}}$为雷达和通信节点之间的干扰信道节点。假设$\boldsymbol{H}_{\mathrm{I}}\in\boldsymbol{F}^{N_{\mathrm{R}}\times M_{\mathrm{T}}}$，$\boldsymbol{F}=\mathbb{R}$或者$\boldsymbol{F}=\mathbb{C}$，需要一个有最大秩的投影矩阵$\boldsymbol{P}\in\boldsymbol{F}^{M_{\mathrm{T}}\times M_{\mathrm{T}}}$，满足下面的特性：

(1)$\boldsymbol{H}_{\mathrm{I}}\boldsymbol{P}=\boldsymbol{0}$。

(2)$\boldsymbol{P}^2=\boldsymbol{P}$。

算法9　基于NSP的频谱共享算法

循环：

从“通信节点”的反馈中得到$\boldsymbol{H}_{\mathrm{I}}$的CSI

将$\boldsymbol{H}_{\mathrm{I}}$带入内循环(即NSP算法)得到投影矩阵$\boldsymbol{P}$的表达式

条件：$\boldsymbol{H}_{\mathrm{I}}$是从外部循环获得的

计算$\boldsymbol{H}_{\mathrm{I}}$的SVD分解(即$\boldsymbol{H}_{\mathrm{I}}=\boldsymbol{U\Sigma V}^{\mathrm{H}}$)

构造矩阵$\tilde{\boldsymbol{\Sigma}}=\mathrm{diag}\left(\tilde{\sigma}_1,\tilde{\sigma}_2,\cdots,\tilde{\sigma}_k\right)$

构造矩阵$\tilde{\boldsymbol{\Sigma}}'=\mathrm{diag}\left(\tilde{\sigma}'_1,\tilde{\sigma}'_2,\cdots,\tilde{\sigma}'_{M_{\mathrm{T}}}\right)$

续表

算法9　基于NSP的频谱共享算法
计算投影矩阵 $\boldsymbol{P}=\boldsymbol{V}\widetilde{\boldsymbol{\Sigma}}'\boldsymbol{V}^{\mathrm{H}}$
输出 $\boldsymbol{P}$
结束条件
从内循环接收投影矩阵 $\boldsymbol{P}$
进行零空间投影计算，即 $\hat{\boldsymbol{x}}_{\text{Radar}}(t)=\boldsymbol{P}\boldsymbol{x}_{\text{Radar}}(t)$
结束循环

通过取干扰信道 $\boldsymbol{H}_{\mathrm{I}}$ 的SVD分解，可以得到满足上述性质并投影到干扰信道 $\boldsymbol{H}_{\mathrm{I}}$ 零空间的投影矩阵 $\boldsymbol{P}$。$\boldsymbol{H}_{\mathrm{I}}$ 的SVD是

$$\boldsymbol{H}_{\mathrm{I}}=\boldsymbol{U}\boldsymbol{\Sigma}\boldsymbol{V}^{\mathrm{H}} \tag{4.36}$$

式中：$\boldsymbol{U}$ 和 $\boldsymbol{V}$ 分别为依赖于 $\boldsymbol{F}$ 的 N_{R} 和 M_{T} 阶的酉或正交矩阵；$\boldsymbol{\Sigma}\in\mathbb{R}^{N_{\mathrm{R}}\times M_{\mathrm{T}}}$ 是一个 $N_{\mathrm{R}}\times M_{\mathrm{T}}$ 矩形对角矩阵，对角线上是非负实数。定义

$$\tilde{\boldsymbol{\Sigma}}=\operatorname{diag}\left(\tilde{\sigma}_1,\tilde{\sigma}_2,\cdots,\tilde{\sigma}_k\right) \tag{4.37}$$

式中：$k=\min(N_{\mathrm{R}},M_{\mathrm{T}})$，且有 $\tilde{\sigma}_1\geqslant\tilde{\sigma}_2\geqslant\cdots\geqslant\tilde{\sigma}_p\geqslant\tilde{\sigma}_{p+1}=\tilde{\sigma}_{p+2}=\cdots=\tilde{\sigma}_k=0$ 是 $\boldsymbol{H}_{\mathrm{I}}$ 的奇异值。定义

$$\tilde{\boldsymbol{\Sigma}}'=\operatorname{diag}\left(\tilde{\sigma}'_1,\tilde{\sigma}'_2,\cdots,\tilde{\sigma}'_{M_{\mathrm{T}}}\right) \tag{4.38}$$

式中：$\tilde{\boldsymbol{\Sigma}}'\in\mathbb{R}^{M_{\mathrm{T}}\times M_{\mathrm{T}}}$，且有

$$\tilde{\sigma}'_i=\begin{cases}0, & i\leqslant p\\ 1, & i>p\end{cases}$$

已知 $\tilde{\boldsymbol{\Sigma}}\tilde{\boldsymbol{\Sigma}}'=0$ 和 $\left(\tilde{\boldsymbol{\Sigma}}'\right)^2=\tilde{\boldsymbol{\Sigma}}'$，可以定义投影矩阵：

$$\boldsymbol{P}=\boldsymbol{V}\tilde{\boldsymbol{\Sigma}}'\boldsymbol{V}^{\mathrm{H}} \tag{4.39}$$

从而可以通过计算上述性质来验证该矩阵 $\boldsymbol{P}$ 是有效的投影矩阵，下面给出详细证明。

性质4.1：当且仅当 $\boldsymbol{H}_{\mathrm{I}}\boldsymbol{P}=\boldsymbol{H}_{\mathrm{I}}\boldsymbol{P}^{\mathrm{H}}=\boldsymbol{0}$ 时，$\boldsymbol{P}\in\mathbb{R}^{M_{\mathrm{T}}\times M_{\mathrm{T}}}$ 是 $\boldsymbol{H}_{\mathrm{I}}\in\mathbb{R}^{N_{\mathrm{R}}\times M_{\mathrm{T}}}$ 零空间上的正交投影矩阵。

证明：由于 $\boldsymbol{P}=\boldsymbol{P}^{\mathrm{H}}$（见性质2.1），可以写成

$$\boldsymbol{H}_{\mathrm{I}}\boldsymbol{P}=\boldsymbol{H}_{\mathrm{I}}\boldsymbol{P}^{\mathrm{H}}=\boldsymbol{U}\tilde{\boldsymbol{\Sigma}}\boldsymbol{V}^{\mathrm{H}}\times\boldsymbol{V}\tilde{\boldsymbol{\Sigma}}'\boldsymbol{V}^{\mathrm{H}}=\boldsymbol{0} \tag{4.40}$$

上述结论可以从 $\tilde{\boldsymbol{\Sigma}}\tilde{\boldsymbol{\Sigma}}'=0$ 得出。

性质4.2：当且仅当 $\boldsymbol{P}=\boldsymbol{P}^{\mathrm{H}}=\boldsymbol{P}^2$ 时，$\boldsymbol{P}\in\mathbb{R}^{M_{\mathrm{T}}\times M_{\mathrm{T}}}$ 是一个投影矩阵。

证明：首先证明“仅当”部分，也就是 $\boldsymbol{P}=\boldsymbol{P}^{\mathrm{H}}$。通过取式(4.39)的厄米特将得到

$$P^{\mathrm{H}} = \left(V \widetilde{\Sigma'} V^{\mathrm{H}} \right)^{\mathrm{H}} = P \tag{4.41}$$

然后,通过取等式(4.39)的平方,得到

$$P^2 = V\tilde{\Sigma}V^{\mathrm{H}} \times V\tilde{\Sigma}V^{\mathrm{H}} = P \tag{4.42}$$

式(4.42)中有 $V^{\mathrm{H}}V = 1$(两者都是标准正交矩阵)和 $\left(\tilde{\Sigma}'\right)^2 = \tilde{\Sigma}'$(通过构造矩阵)。结合式(4.41)和式(4.42),可以得到 $P = P^{\mathrm{H}} = P^2$。

接下来证明 P 是投影矩阵,首先证明如果 $v \in \mathrm{range}(P)$,那么 $Pv = v$,对于部分 w,满足 $v = Pw$,则

$$Pv = P(Pw) = P^2 w = Pw = v \tag{4.43}$$

此外,$Pv - v \in \mathrm{null}(P)$,即

$$P(Pv - v) = P^2 v - Pv = Pv - Pv = 0 \tag{4.44}$$

4.7　NSP的假设与限制因素

本节讨论NSP算法实施过程中的假设与限制因素。基于雷达及通信系统中的天线阵元个数,考虑两种频谱共享的场景。

NSP算法实施的关键假设是"共享"。雷达与通信之间必须有部分共享节点使得雷达信号能够被有效地投影到零空间。雷达与通信系统必须通过反馈/前馈或者其他类型的机制,交换推理通道的CSI。这种交换只在通道为静态或准静态的情况下进行,这也意味着CSI在投影进行前不会改变。文献[13]给出了若干雷达与通信系统之间交换通道状态信息的机制。

一般有如下两种可能的场景:①雷达发射天线中的阵元数小于等于通信系统,即 $M_{\mathrm{T}} \leqslant N_{\mathrm{R}}$;②雷达发射天线中的阵元数大于通信系统,即 $M_{\mathrm{T}} > N_{\mathrm{R}}$。对于第一种场景 $M_{\mathrm{T}} \leqslant N_{\mathrm{R}}$,无法采用NSP方法。但是,一种可能的方法是采用交叠MIMO,由于交叠MIMO增加了有效的发射阵元数,可使得零空间投影方法有效。此时,有效的发射阵元孔径 $M_{\epsilon} = (M_{\mathrm{T}} - K + 1)K$ 是大于 N_{R} 的。注意到 M_{ϵ} 本质上是雷达发射天线中的虚拟阵元数目,因此交叠MIMO会使得虚拟阵元总数达到 $\left((M_{\mathrm{T}} - K + 1)K\right)M_{\mathrm{R}}$。另外,如果 $M_{\mathrm{T}} > N_{\mathrm{R}}$,将有足够的自由度使得零空间投影法达到 $M_{\mathrm{T}} - N_{\mathrm{R}}$ 的维度。然而,由于交叠MIMO增加了发射阵元的有效数目,即使在此场景中,交叠MIMO方法仍然能够提升性能。

4.8 仿真结果

本节对交叠MIMO雷达进行仿真。假设一个均匀线阵有 $M_T=20$ 个发射阵元。接收端也同样有 M_R=20个阵元。阵元之间的间距均为 d_T=0.5，也就是说，相邻阵元的间距是 $\lambda/2$。信号通过一个瑞利衰落信道，并且受高斯白噪声影响。每个天线阵元都是全向的。假设目标所在角度是 $\theta_s=15°$，为便于分析，忽略任何可能的干扰信号。输出信噪比通过10000次独立仿真得到。

图4.3展示了四个不同MIMO雷达的波束形状（依次为：MIMO雷达阵元数 M_T=20，交叠子阵MIMO（K=5和K=10），对应子阵的阵元数依次为（M_T-K+1）=16和（M_T-K+1）=11，阵元间距为 $d_T=0.5\lambda$）。①K=1的交叠MIMO雷达（单个子阵或相控阵）；②K=5的交叠MIMO雷达；③K=10的交叠MIMO雷达；④K=20的MIMO雷达。这里，交叠MIMO雷达有两种不同的方向，每个方向有5个或10个交叠子阵，且每个子阵依次对应11个或16个天线阵元。可以发现，K=1的交叠MIMO（相控阵）与MIMO雷达的收发波束基本一致。然而，与MIMO雷达及相控阵雷达相比，K=5和K=10时交叠MIMO雷达的波束旁瓣显著降低。

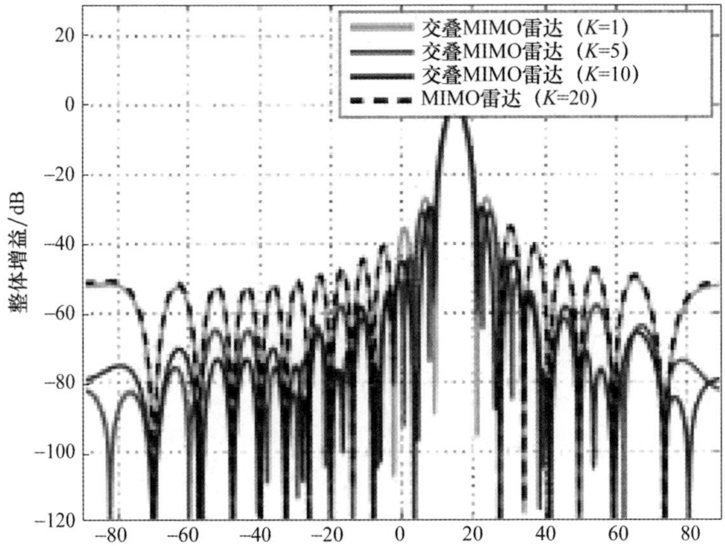

图4.3　传统雷达波束形成（见彩图）

图4.4给出了NSP算法对应不同雷达形式下的波束形状（依次为：MIMO雷达阵元数 M_T=20，交叠子阵MIMO（K=5和K=10），对应子阵的阵元数依次为

$(M_{\mathrm{T}}-K+1)=16$和$(M_{\mathrm{T}}-K+1)=11$，阵元间距为$d_{\mathrm{T}}=0.5\lambda$）。①零空间投影条件下$K=1$交叠MIMO雷达（单个子阵或相控阵）；②零空间投影条件下$K=5$的交叠MIMO雷达；③零空间投影条件下$K=10$的交叠MIMO雷达；④零空间投影条件下$K=20$的MIMO雷达。可以发现，零空间投影法能够如期降低旁瓣抑制。同时，与纯粹的MIMO雷达相比，零空间投影对于旁瓣抑制提供了良好效果。然而，由于零空间投影算法将雷达到通信系统的干扰最小化，使得通信系统获得最主要的优势，并让雷达与通信能够共存。

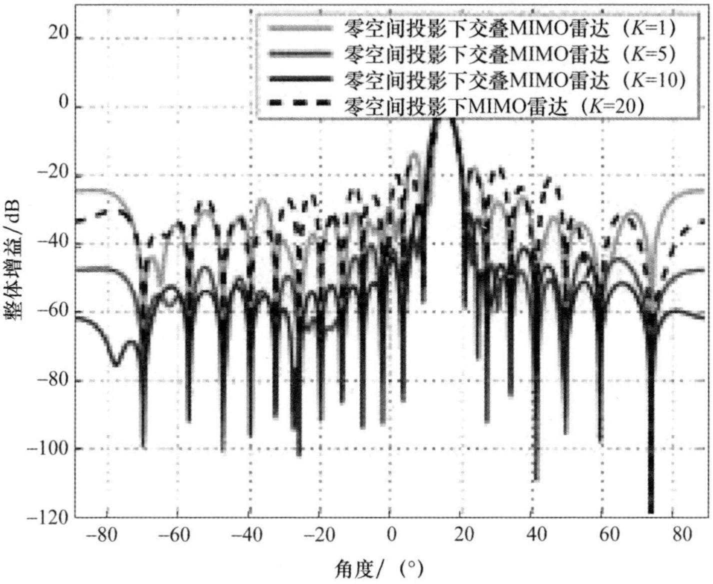

图4.4　基于零空间的波束形成（见彩图）

最后的仿真实验考虑交叠MIMO雷达中的子阵个数K的优化，使旁瓣压制性能最优。由式(4.34)可知，发射方的虚拟阵元数M_{ϵ}最大时对雷达有显著影响。图4.5给出了子阵数目K从1到M_{T}对M_{ϵ}的影响（当发射天线尺寸$M_{\mathrm{T}}=10$、$M_{\mathrm{T}}=15$和$M_{\mathrm{T}}=20$时，交叠MIMO雷达的M_{ϵ}随子阵数目K从1到M_{T}变化）。$M_{\mathrm{T}}=20$、$K=11$或者$K=12$时对应的影响最高。该结论决定了交叠子阵的结构。$M_{\mathrm{T}}=10$以及$M_{\mathrm{T}}=15$时的结果也画在该图中进行对比。图中结果为选择使得虚拟天线阵尺寸最大的K（K为交叠MIMO的子阵个数）提供了借鉴，从而增加了雷达天线波束的旁瓣抑制总量，同时保持了零空间投影的维度需求。

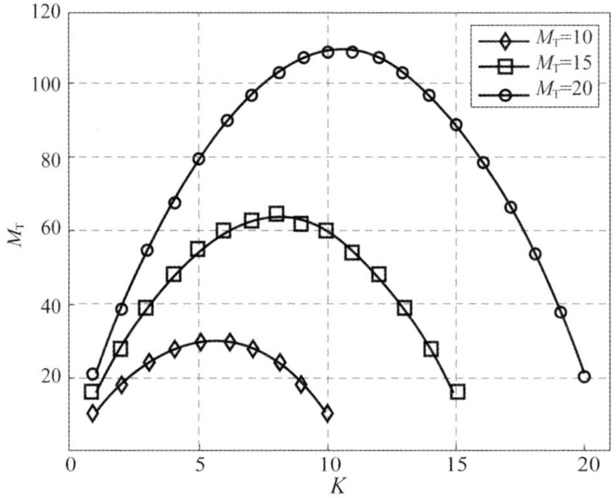

图4.5 交叠MIMO雷达子阵分析

4.9 小 结

本章给出了交叠MIMO雷达的体系构成,并针对雷达通信共存给出了一种称为NSP的频谱共享算法。在交叠MIMO雷达体系下,雷达发射阵列被分为若干子阵并允许交叠。每个子阵的发射波形之间相互正交,并与自身子阵波形相关。该体系的优势在于有效提高了发射阵列的分集增益。本章最后,通过设计每个子阵的权向量使天线波束对准空间某个方向,得到了相关处理增益[5]。与传统MIMO雷达相比,该方式可以扩展到整个旁瓣的抑制中,使得其适用于通信系统的共存。

进一步,对雷达中心谱共享算法进行了实现,该算法将雷达信号投影到通信系统干扰信道的零空间,减少了通信系统受到雷达的干扰。注意,这种传统的零空间投影仅仅适用于雷达的实际或虚拟发射阵元数大于通信系统接收天线阵元数的情况。

本章分析了交叠MIMO雷达波形的理论模型和零空间投影(Null Space Projection,NSP)算法。同时给出了雷达与通信系统频谱共享的场景分析。通过理论推导和仿真结果,可以发现交叠MIMO雷达和零空间投影算法优于传统场景,从而使得雷达-通信系统可以在同一频谱共存。当传统MIMO雷达系统包含20个物理天线阵元时,交叠MIMO雷达体系能够达到比传统MIMO雷达系统超过20dB的旁瓣抑制。同样的方式下,还可以发现,即使零空间投影削弱了旁瓣抑制的性能,相比于传统MIMO雷达系统,零空间投影方法在减少通信系统干扰的同时，仍然能保持10dB的旁瓣抑制性能。

4.10　MATLAB代码

本节给出适应于频谱共享的交叠MIMO雷达波形的MATLAB代码。

4.10.1　交叠MIMO主模块

本段是交叠MIMO主模块的MATLAB代码。

```
%发射天线个数
M=20;
%接收天线个数
M_r=20;
%发射阵元间距与波长的倍数
d_t=0.5;
%目标方位角
theta_tar=15*pi/180;
%上行导向向量
a_tar=exp(-j*d_t*2*pi*(0:M-1)'*sin(theta_tar));
%下行导向向量
b_tar=exp(-j*pi*(0:M_r-1)'*sin(theta_tar));
%MIMO雷达子阵个数
no_subarrays=[1 5 10 20];
%整体波束方向图
Rx_pattern_conv=[];
%整体波束方向图(投影)
Rx_pattern_conv_proj=[];
for ksub=1:length(no_subarrays);
    %每个子阵天线个数
    K_sub=no_subarrays(ksub);
    M_sub=M-K_sub+1;
    W_u_conv=uplinkbeamform(a_tar,K_sub,M_sub);
    %计算发射天线方向图及波形分集
    Theta_grid=[linspace(-pi/2,pi/2,1801)];
    %计算目标虚拟导向向量
```

```
        [v_tar]=virtual_sv(theta_tar,M,d_t,...
        M_r,M_sub,K_sub,W_u_conv);
        [v_tar_proj]=virtual_sv_proj(theta_tar,M,...
        d_t,M_r,M_sub,K_sub,W_u_conv);
        %常规下行波束形成
        w_d_conv=v_tar/(norm(v_tar));
        %常规下行波束形成(投影)
        w_d_conv_proj=v_tar_proj/(norm(v_tar_proj));
        %计算并绘制发射和接收整体方向图
        %用下式绘制整体方向图
        w_d=w_d_conv;
        %用下式绘制整体方向图
        w_d_proj=w_d_conv_proj;
        size_w_d=size(w_d)
        [V_grid]=virtual_sv(Theta_grid,M,d_t,...
        M_r,M_sub,K_sub,W_u_conv);
        [V_grid_proj]=virtual_sv_proj(Theta_grid,...
        M,d_t,M_r,M_sub,K_sub,W_u_conv);
        Rx_pattern=[10*log10(abs(w_d'*V_grid).^2)];
         Rx_pattern_proj = [10*log10(abs(w_d'*V_grid_proj).
^2)];
        Rx_pattern=Rx_pattern-max(Rx_pattern);
        Rx_pattern_conv=[Rx_pattern_conv;Rx_pattern];
         Rx_pattern_proj = Rx_pattern_proj - max(Rx_pat-
tern_proj);
        Rx_pattern_conv_proj=[Rx_pattern_conv_proj;
        Rx_pattern_proj];
    end

    %---绘图---%
    Theta=Theta_grid;
    plot(Theta*180/pi,1.02*Rx_pattern_conv(1,:),'g',...
    Theta*180/pi,1.0*Rx_pattern_conv(2,:),'r',...
    Theta *180/pi , Rx_pattern_conv (3,:) , 'b', Theta *180/
```

```
pi,...
    Rx_pattern_conv(4,:),'k--','LineWidth',2)
    grid
    axis([-90 90 -120 30])
    xlabel('Angle (deg)')
    ylabel('Overall Gain (dB)')
    legend('Overlapped-MIMO Radar (K=1)',...
    'Overlapped-MIMO Radar (K=5)',...
    'Overlapped-MIMO Radar (K=10)','MIMO Radar (K=20)')
    figure;
    Theta=Theta_grid;
    plot(Theta *180/pi , 1.02* Rx_pattern_conv_proj (1,:) ,
'g',...
    Theta*180/pi,1.0*Rx_pattern_conv_proj(2,:),'r',...
    Theta *180/pi , Rx_pattern_conv_proj (3,:) , 'b', Theta *
180/pi,...
    Rx_pattern_conv_proj(4,:),'k--','LineWidth',2);grid
    axis([-90 90 -120 30])
    xlabel('Angle (deg)')
    ylabel('Overall Gain (dB)')
    legend('Overlapped-MIMO Radar w/ NSP (K=1)', ...
    'Overlapped -MIMO Radar w/ NSP (K=5) ', 'Overlapped -MIMO
Radar w/ NSP (K=10)','MIMO Radar w/ NSP (K=20)')
```

4.10.2 上行链路波束形成矩阵

该MATLAB函数用于计算上行链路波束形成矩阵,矩阵的第k列表示第k个子阵的波束形成权重向量。

```
%------------------------------------------------------------
%该函数用于计算上行链路波束形成矩阵。
%第k个列表示第k个子阵波束形成的权向量。
%------------------------------------------------------------
function [W_u]=uplinkbeamform(a_tar,K_sub,M_sub)
%上行权向量(所有子阵是相等的)
w_u=a_tar(1:M_sub);
```

```
size_w_u=size(w_u);
%归一化上行权向量
w_u=w_u/(norm(w_u));
%得到所有子阵相等的权向量
W_u=kron(ones(1,K_sub),w_u);
```

4.10.3 虚拟导向向量

该MATLAB函数用于计算投影条件下的虚拟导向向量。

```
%-----------------------------------------------------------
%该函数计算零空间投影下的虚拟导向向量
%-----------------------------------------------------------
function [v_sv] = virtual_sv_proj(Theta , Mt , d_t, Mr ,
M_sub,no_subarrays,W_u)
%接收天线数量
N_R=15;

%---发射和接收阵列---%
Tx_sv=exp(-j*d_t*2*pi*(0:Mt-1)'*sin(Theta));
%接收导向向量
Rx_sv=exp(-j*pi*(0:Mr-1)'*sin(Theta));

%---虚拟阵列---%
P=[];
H=randn(N_R,no_subarrays*M_sub)+j*randn(N_R,...
no_subarrays*M_sub);
P=null(H)*ctranspose(null(H));
v_sv2=[];
for kk=1:no_subarrays
    for mm=1:M_sub
        v_temp2=[];
        w_u=W_u(mm,kk);
        for jj=1:length(Theta)
            v_temp2 = [v_temp2, (w_u' * Tx_sv(kk + mm -1,
jj))];
```

```
          end
          v_sv2=[v_sv2;v_temp2];
      end
  end
  v_sv2_P=P*v_sv2;

  v_sv3=[];
  for vv=1:no_subarrays*M_sub
      v_temp3=[];
      for jj=1:length(Theta)
          v_temp3 = [v_temp3, (v_sv2_P(vv , jj)) * Rx_sv(:,
jj)];
      end
      v_sv3=[v_sv3;v_temp3];
  end

  v_sv=v_sv3;
```

4.10.4　子阵数目

本段MATLAB代码用于确定子阵数目。

```
%计算子阵数目

K1=1:1:10;
K2=1:1:15;
K3=1:1:20;
M1=10;
M2=15;
M3=20;

forii=1:1:10
    ME1(ii)=(M1-ii+1)*ii;
end

forjj=1:1:15
```

```
    ME2(jj) = (M2-jj+1)*jj;
end

for kk=1:1:20
    ME3(kk) = (M3-kk+1)*kk;
end

figure;
plot(K1,ME1,'g-d','linewidth',2)
grid
hold on
plot(K2,ME2,'b-s','linewidth',2)
plot(K3,ME3,'r-o','linewidth',2)
xlabel('K')
ylabel('M_{\epsilon}')
legend('M_T=10','M_T=15','M_T=20')
axis([0 21 0 120])
```

参考文献

[1] S. Sodagari, A. Khawar, T.C. Clancy, R. McGwier, A projection based approach for radar and telecommunication systems coexistence, in *Global Communication Conference on (GLOBE-COM), IEEE* (2012).

[2] A. Khawar, A. Abdel-Hadi, T. Clancy, R. McGwier, Beampattern analysis for MIMO radar and telecommunication system coexistence, in *International Conference on Computing, Networking and Communications (ICNC)* (2014), pp. 534–539.

[3] A. Khawar, A. Abdel-Hadi, C. Clancy, Spectrum sharing between S-band radar and LTE cellular system: a spatial approach," *in IEEE DySPAN* (2014).

[4] J. Li, P. Stoica, *MIMO Radar Signal Processing* (Wiley, New York, 2009).

[5] A. Hassanien, S. Vorobyov, Phased-MIMO radar: a tradeoff between phased-array and MIMO radars. IEEE Trans. Signal Process. 58, 3137–3151 (2010). June.

[6] H. Yi, Nullspace-based secondary joint transceiver scheme for cognitive radio MIMO networks using secondorder statistics, in *IEEE International Conference on Communications (ICC)* (2010), pp. 1–5.

[7] Y. Noam, A. Goldsmith, Blind null-space learning for spatial coexistence in MIMO cognitive radios, in *IEEE International Conference on Communications (ICC)* (2012), pp. 1726–1731.

[8] A. Khawar, A. Abdel-Hadi, T.C. Clancy, A mathematical analysis of LTE interference on the performance of S-band military radar systems, in 13th *Annual Wireless Telecommunications Symposium (WTS)* (DC, USA, Washington, 2014).

[9] J. Li, P. Stoica, Mimo radar with colocated antennas. IEEE Signal Processing Magazine 24, 106-114 (2007). Sept.

[10] C.-Y. Chen, P. Vaidyanathan, MIMO radar space-time adaptive processing using prolate spheroidal wave functions. IEEE Trans. Signal Process. 56(2), 623-635 (2008).

[11] Q. He, R. Blum, H. Godrich, A. Haimovich, Target velocity estimation and antenna placement for MIMO radar with widely separated antennas. IEEE J. Sel. Topics Signal Process. 4, 79-100 (2010). Feb.

[12] Q. He, R. Blum, H. Godrich, A. Haimovich, Target velocity estimation and antenna placement for MIMO radar with widely separated antennas. IEEE J. Sel. Topics Signal Process. 4(1), 79-100 (2010).

[13] A. Khawar, Spectrum Sharing between Radar and Communication Systems. Ph.D thesis, Virginia Tech (2015).

主要缩略词

英文缩略语	英文全称	中文名称
ATC	Air Traffic Control	空中交通管制
AWGN	Additive White Gaussian Noise	加性高斯白噪声
BC	broadcast	广播
BER	Bit Error Rate	误码率
CoMP	Coordinated Multi-Point	多点协同
CoMP-CS	CoMP Coordinated Scheduling and/or Beamforming	CoMP 协同调度和/或波束成形
CoMP-JP	CoMP Joint Processing/Reception	CoMP 联合处理/接收
CoMP-MU-MIMO	CoMP Multi-User MIMO	CoMP 多用户 MIMO
CoMP-SU-MIMO	CoMP Single-User MIMO	CoMP 单用户 MIMO
CRB	Cramér-Rao Bound	克拉美罗界
CSI	Channel State Information	信道状态信息
DoF	Degrees of Freedom	自由度
FCC	Federal Communications Commission	联邦通信委员会
FDD	Frequency Division Duplexing	频分双工
GLRT	Generalized Likelihood Ratio Test	广义似然比检验
ICSI	Interference Channel State Information	干扰信道状态信息
i.i.d	Independent Identically Distributed	独立同分布
LP	Linear Precoding	线性预编码
MIMO	Multiple-Input Multiple-Output	多输入多输出
ML	Maximum Likelihood	最大似然
MMSE	Minimum Mean Square Error	最小均方误差
NTIA	National Telecommunications and Information Administration	国家电信信息管理局
NSP	Null Space Projection	零空间投影
PCAST	President's Council of Advisers on Science and Technology	总统科技顾问委员会
PRI	Pulse Repetition Interval	脉冲重复间隔
RCS	Radar Cross-Section	雷达散射截面积

续表

英文缩略语	英文全称	中文名称
REM	Radio Environment Map	无线电环境地图
RMSE	Root-Mean-Square-Error	均方根误差
SNR	Signal-to-Noise Ratio	信噪比
SNSP	Switched Null-Space Projection	切换零空间投影
SSSVSP	Switched Small Singular Value Space Projection	切换小奇异值空间投影
SSVSP	Small Singular Value Space Projection	小奇异值空间投影
SVD	Singular Value Decomposition	奇异值分解
TDD	Time Division Duplexing	时分双工
ULA	Uniform Linear Array	均匀线阵
WLAN	Wireless Local Area Network	无线局域网
WNCG	Wireless Networkingand Communications Group	无线网络和通信集团
ZF	Zero Forcing	迫零

内容简介

本书是一本有关雷达和通信系统频谱共享的专著。雷达和通信系统之间的频谱共享是一个重要的跨学科领域,其目的是使雷达与通信设备同频共存、互不干扰,从而高效地利用频谱资源。本书作者结合自己的研究实践,对多种类型的雷达系统与通信系统的频谱共享问题进行了研究,特别是MIMO雷达和蜂窝通信系统之间的频谱共享。

书中既分析了频谱共享方法的原理,也给出了相关算法的MATLAB代码。本书可以作为工科院校电子工程、通信工程等专业高年级本科生和研究生的教材使用,同时对于从事雷达通信频谱共享及相关领域研发工作的工程人员来说,也是一本难得的参考书。

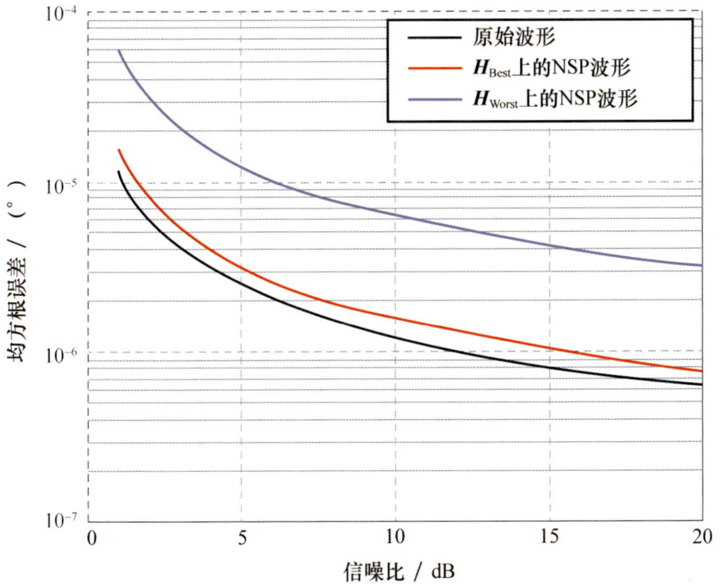

图 2.2　目标方位估计的CRB

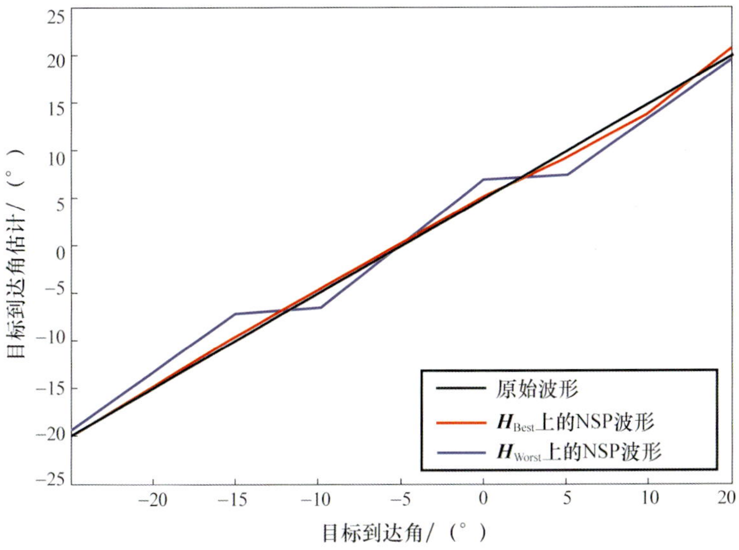

图 2.3　目标到达角的ML估计

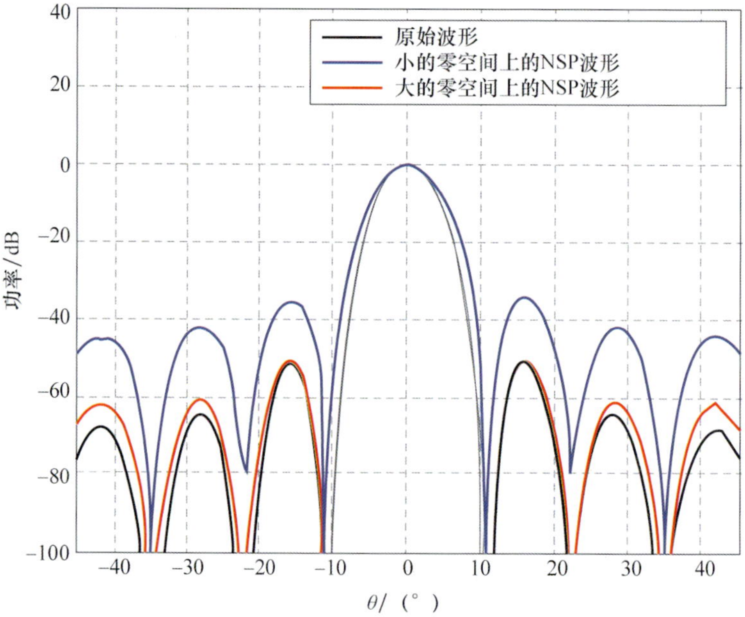

图2.4　MIMO雷达的波束方向图

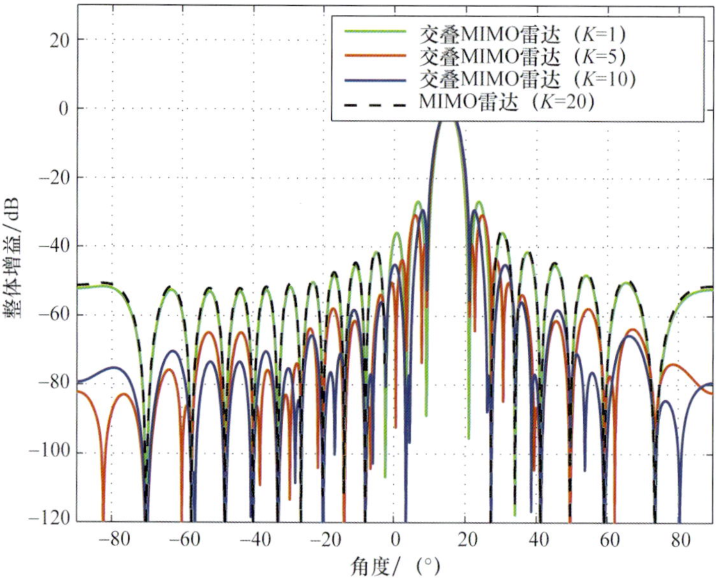

图4.3　传统雷达波束形成